sos!

后浪

旅行保命手册

去哪儿都能派上用场的安全自救指南

The Worst-Case Scenario
Survival Handbook:
Travel

［美］乔舒亚·皮文（Joshua Piven）
［美］戴维·博根尼奇（David Borgenicht）著
［美］布兰达·布朗（Brenda Brown）绘
刘昱含 译

海峡出版发行集团｜海峡书局
THE STRAITS PUBLISHING & DISTRIBUTING GROUP

声明

当生命危在旦夕或陷入绝境时，也许手边没有能够立刻救急的方法或用具。如果你需要应对本书中描述的各类绝境，我们强烈推荐——实际上，应该说是坚持要求你去求助接受过培训的专业人士。这才是最好的解决方法。**绝不要尝试靠你个人的力量实施本书中介绍的行动**。不过，在生命受到威胁时，你未必能立刻获得这种专业人士的帮助，因此我们邀请各领域内的专家介绍了他们在遇到这些情境时可能采取的应对技巧。在此声明，如果读者因应用书中介绍的技巧而受到伤害，出版社、作者和受访专家们均不对此承担责任，无论其是否遵循了正确的做法。本书原封不动地收录了专家们应对各类绝境的技巧，但我们并不能保证书中信息的内容完整性、操作安全性或可靠性，也不建议你未经考虑或未依据常识判断就将这些方案拿来用。最后，请不要将书中任何内容理解或解读为侵害他人权益或违反各项法规的捷径。请遵守所在国家的全部法律法规，尊重他人包括财产权在内的所有权益。祝你旅途愉快。

一味旅行并没有意义，重要的是途中各色见闻。

——约翰·史坦贝克（John Steinbeck）

胆怯的人可以待在家里。

——本杰明·卡多佐法官（Justice Benjamin Cardozo）

前言

在我各处旅行和探险的大半辈子里，很多危险和糟糕的经历让我在摸爬滚打中得到了血泪教训。这些经历告诉我的几条真理，将使我受用终身。

第一条真理：天总有不测风云

1989 年 7 月，我站在乞力马扎罗山[1]位于坦桑尼亚境内的一处海拔约 4500 米的地方，怀疑自己能不能活下来。

我还记得出行前朋友们对我说的话："乞力马扎罗山不难攀越，用不着什么专业的登山技巧就能登顶。你可能会有点儿高原反应，有点儿水肿。别担心，你能活着下来的。"

我的思绪被同伴的声音打断了。他是一名医生，刚刚对我进行过一番检查。"你的肺萎陷了，"他说，"还出现了肺水肿和脑水肿，以及双眼视网膜出血。"好吧，我心想，至少这解释了我为什么会喘不上气，说话也开始变得困难，以及摘掉太阳镜时眼部为什么会感到疼痛。

1　乞力马扎罗山位于坦桑尼亚和肯尼亚的交界处。

说不出话和脑内昏昏沉沉的感觉还可以忍受，让我真正感到忧心的是一侧肺部的萎陷（这已是我人生中第二次出现这个情况），以及另一侧完好肺部的水肿。"如果转成肺炎，你将撑不到明天早上，"那个医生说，"你最好走动起来。"

　　于是我继续走着，走了将近 39 千米。

　　两天后，我乘着一架不加压的飞机飞到了肯尼亚，接着又飞到了德国，而后坐在泛美航空一架飞机的吸烟区一路痛苦地飞回了纽约。五天后，我走进费城的一家医院，接受了神经学家和胸科专家的检查。我的情况让他们震惊得说不出话来。如果按教科书上的标准，我能活下来简直是个奇迹。但我确实活着回来了。

　　我从那时开始明白，只要我在保持警觉的同时全力前进，就能从旅行中的任何绝境逃出生天。奇妙的是，我确实总能在避免永久性伤害的前提下从险境归来，甚至可以仅靠自己一人成功脱险。

第二条真理：接受你无法控制之事的存在

　　虽然我并不总能预见未来会出现哪些或大或小的具体问题，但我至少清楚一点：当障碍出现时，我需要明白，它是我逃不过的。在布宜诺斯艾利斯被人用刀划开裤子口袋，在克罗地亚境内因出现"恐怖活动"而不得不改道科索沃，在途经亚特兰大的航班上丢了行李，这些遭遇不是什么了不得的灾难，也不是我自己的失误造成的。只要出门旅行，你就难免遇到这样的意外。

住在肯尼亚的那段时间里，因为公认坐飞机比开车安全，我会在周末租飞机出行。有一次，我想租的那架飞机被人预订了，结果在那个周末，它坠毁了。肯尼亚当地人的反应很平淡。"哈库那玛塔塔[1]，"他们说，"没什么。意外就是会发生嘛。"我想，有时意外的发生是有原因的，而有时就纯属倒霉罢了。不过在接下来的那个周末，我改坐火车出行了。

对有些人来说，置身于绝境之中，面对可怕的后果正是旅行这件事的刺激和趣味所在。但无论你的旅行是什么形式的，你都必须接受丢失行李、酒店预约被取消、赶不上最后一班飞机这些意料之外的事情的存在。关键在于，当这些意外发生后，你决定如何应对。

---

1 Hakuna ma tata，非洲谚语，意为"没有烦恼"。

第三条真理：永远做好备用计划

提前做些准备，可以让你从绝境中逃生。

曾经，因为只准备了一条有年头的棉睡袋，我经历了一次严重的失温。当时我正在美国新罕布什尔州的白山山脉远足。山脚下的天气预报显示的是晴朗、气温适宜，然而到了海拔较高的地带，雨连下了五天五夜。我携带的全部装备都被淋湿了，我也完全找不到可供取暖的手段。最后，我已经神志不清，几乎陷入昏迷。

我在其他人干燥的睡袋里和两个半裸的同伴挤在一起睡了两天，体温才终于恢复。在那之后，我便发誓绝不会再打无准备之仗。

现在，我在出门之前会做好一切功课。我会研究备用交通方案、住宿、天气、其他人的攻略、适合本次旅行的装备以及其他所有相关信息。我没有因为错过某次航班而滞留机场，靠的就是早已掌握的其他航司较晚班次的信息。有一次，我转乘了共计11班火车和大巴，从瑞士成功抵达荷兰海牙，赶在预订的青年旅馆半夜关门之前入住。（我在瑞士境内的第一班火车晚点了10分钟，这让我错过了之后从瑞士到德国的全部原定车次，但我最终还是赶到了住宿地点。）

不过，你必须做好万全准备。毕竟，在缺乏合适装备的情况下，就算是巴黎的雨天也会对你释放如北大西洋飓风般的破坏力。

第四条真理：情况没有最糟，只有更糟

最近我刚刚参加了为期一个月的"重返泰坦尼克号残骸"探险。这次探险的每一天都是墨菲定律（"越怕什么，越来什么"）的鲜明写照。每天我都会遇到令人兴奋的新挑战，有时甚至会遇到好几个：装备失灵，天气恶劣（我们经历了三次暴风和一次飓风），整队人都遭遇了食物中毒。我们在出发前已经做好面对极高风险的心理准备，但我们实际遇到的情况比起预期仍要糟糕得多。

乘坐潜水器下潜意味着要面临内爆、溺水、失火、极寒和窒息的致死风险，而全世界媒体的跟踪报道加剧了这次探险中的压力和不适。但无论如何，我们都直面每一个挑战，着手解决它，而后转向下一个。于是，我们活了下来，成功地完成了任务。我们从不会让问题累积起来，否则将会愈加无法应对。无论是在我的探险还是你的旅途中，关注点都不该是情况有多糟，而是如何解决每一个问题，一步一步地走

出困境。

不过，就算你领会了上述四条真理，你仍然需要学习解决问题的具体技巧，下面你将在本书中了解到这些内容。

戴维·康卡农（David Concannon）

导语

关于旅行这件事，统计数据不太乐观：超过半数的游客会在旅途中遇到麻烦。我们当然希望你遇到的麻烦不会超过座椅靠背卡住或者酒店浴室的花洒坏掉的程度，但实际上，旅行中出现的问题可太多了。

飞机被劫持、水蛭、火车脱轨、狼蛛、海啸、四肢被割伤、拦路抢劫、坠机、刹车失灵，或是在 33 层楼熟睡时酒店失火。

我们的建议很简单：永远为最坏的情况做好准备。

避免不幸或危险的方法绝不是单单待在家里。（其中一个原因我们曾在《生存手册》[1]中谈过，那就是危机同样可能降临在你的家中或者家附近。）你还是要出去看看世界的：去爬山、渡水、骑骆驼、品尝当地美食、规划探险路线——只要知道陷入困境时如何应对就可以。

为了给读者提供尽可能多的帮助和保护，我们在书中拓宽了对"旅行"的定义，也囊括了多种多样的情境：你如果住在美国新泽西州，那么沙暴对你而言会是一种陌生的经

1　中文版于 2017 年由北京联合出版公司出版。

历，但你如果住在沙特阿拉伯就不是了；你如果住在塔希提岛，意外坠入地铁轨道的可能性微乎其微，但你如果是巴黎、纽约、东京或其他城市的居民，那么这种意外情况可能是你日常需要考虑应对的问题。对某个人而言的短途旅行，在另一个人眼中可能成为一场异国之旅。

因此，为了实现本书的普适性，书中的"旅行"意味着，从你走出家门就开始了这个过程，无论你只是在当地活动还是穿越了半个地球。我们列举了你也许会遇到的糟糕情况，提供了可能救你一命的技能。

不过，尽管我们怀着一腔好意，希望本书能给你安全感，但我们毕竟不是安保或求生领域的专业人士，也只是两个普通的旅行爱好者，没什么超乎常人的技能（除了一丝恰到好处的警觉和无尽的好奇心）。因此，为了应对危险的情境，我们咨询了各领域的专家：美国军方和政府部门、安保专家、飞行员、铁路工程师、电影特技演员、反恐顾问、探险队向导、外来入侵动物专家、撞车比赛选手和其他人士（书后附有他们的简介）。我们根据他们传授的技巧和提供的建议，撰写了这本配有插图、步骤详尽的指南，告诉你在多种危险情境下该如何行动。

我们还请专家团根据他们个人的经验和业内的惯例，介绍了一些让旅行更舒适的窍门，就算你的旅途风平浪静，本书也能提供有用的信息。书后附录中精选了一些行李打包、乘坐飞机、安顿入住以及其他出行环节的技巧。为了充实附录内容，我们还整理了需要避免的身体语言，因为在不同文化中它们可能有着截然不同的含义。

如果突遇危险——哪怕只有一次，也许是明天，或是十年后的某天，你不得不应用从本书中学到的技能，你可能真的会挽救一条生命——无论是你自己的，还是身边人的。这本书不仅能成为你或其他人逃离绝境的通行证，到了万不得已的紧急时刻，甚至还能成为你的卫生纸。

退一万步说，就算你不出门旅行，本书也能为喜好"纸上谈兵"的生存爱好者提供丰富的信息和愉快的阅读体验。

那么，祝你旅途愉快。

目录

第一章

途中遇险

如何控制脱逃的骆驼

❶ 抓紧缰绳，但不要为了让它停下来而用力拉。

　　你可以用力地向一边拉失控的马的缰绳，使它的头侧转，从而让它停止奔跑。但骆驼的头是不能侧转的，骆驼一般会戴着笼头或是鼻环牵引装置。用力拉鼻环上

抓紧缰绳并朝一个方向
牵引，使骆驼绕圈跑，
这样它就会自己停下来

的缰绳可能会撕裂它的鼻部，或让缰绳断裂。

② 如果这头骆驼配有笼头且缰绳足够结实，向一侧拉紧缰绳，使骆驼绕圈跑。

　　不要和骆驼较劲。顺着它偏头的方向拉扯缰绳。在此过程中，它可能会改变几次方向，就随它去。

③ 如果这头骆驼只配有鼻环，就抓紧缰绳。

　　先靠缰绳保持平衡，同时借助腿部力量夹紧骆驼以防自己被甩下来。如果骆驼的背上配了鞍，就抓紧上面的把手。

④ 抓紧，直到骆驼停下来。

　　无论它是绕圈跑还是向前冲，它都不会跑太远。跑累以后，它自然会坐下来。

⑤ 一旦骆驼坐下，就跳下驼背。

　　但要继续抓着缰绳，以免它再次逃跑。

如何让失控的载客列车停下来

1 找到紧急停车装置。

列车每节车厢的尽头都配有一个紧急制动阀。这个装置通常为红色，并有清晰标识。

2 拉下把手。

打开阀门，使该车厢内空气与外界大气连通，导致制动主管内的压缩空气急剧减压，从而实现紧急停车。不过这有一定概率造成列车脱轨，要结合轨道曲率、坡度、列车重量以及车厢节数来判断能否操作。

如果紧急制动阀失灵

1 通过呼叫寻求帮助。

找到工作人员用的通话器，按下耳机和话筒中间的"通话"按钮。就算没有听到任何回答，也不要改变频率。发出紧急求救信息时，要尽可能提供帮助收听者掌握列车位置的信息（比如车次和目的地）。列车调度员应该能够接收到你的求助，从而安排其他列车避让。如果无人应答，你可能需要自行尝试让列车停下来。

❷ 去往列车前部。

在途中打开你遇到的每一个紧急制动阀，或让其他乘客拉下手闸。这些手闸和前文中描述的红色制动阀不一样，通常位于每节列车末端的通廊处，可以通过旋转制动轮或摇动手柄拉杆来启动。把制动阀拧到最紧，它便开始发挥作用。

❸ 前往机车驾驶室。

如果是老式列车车型，其机车通常在行李车（运载乘客行李的火车车厢）后方，且在乘客车厢前方。在跨过连接机车和行李车的车钩时，请一定多加小心。

一辆列车上可能有不止一节机车，所以你需要在每节机车上重复下面的步骤。有时候不幸的是，有可能被牵引的机车驾驶室恰恰位于反方向，而且你已经没有时间再赶过去了。如果是这样，就回到最后一节乘客车厢，按照本节中"如果列车无法减速，冲撞不可避免"的说明来操作。

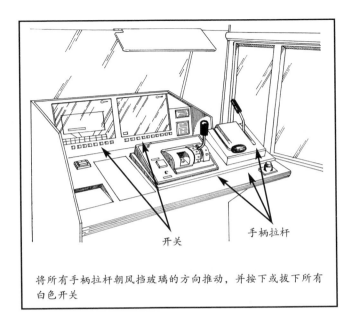

开关

手柄拉杆

将所有手柄拉杆朝风挡玻璃的方向推动，并按下或拔下所有
白色开关

❹ 打开位于发动机房（位于驾驶室左侧）仪表板上面或周
围的全部紧急制动阀。

　　紧急制动阀上有明确的标识。将把手拉向全开
位置。

❺ 将所有手柄拉杆朝风挡玻璃的方向推动。

　　确保向前推动所有刹车手柄（手柄底座上标有"刹
车"字样，英文为"brake"）。迅速按下或拔下控制台上面和周围的所有白色滑动开关，以给发动机断电。

⑥ 如果列车仍未减速，进入发动机房。

如果发动机房内的声音很响，这说明机车处于欠载状态，即依然在工作。

⑦ 沿着发动机组迅速穿过发动机房。

发动机组高 1 米左右，像放大版的汽车发动机。

⑧ 推动副轴控制杆，关闭发动机。

副轴控制杆长约 60 厘米，位于发动机组末端齐肩高处。这个部件和发动机本体颜色相同，因此可能不容易找到。找到副轴控制杆后，将它推到尽头，发动机则会在加速转动后被关闭。这个控制杆是纯机械的，因此不存在无法关闭发动机的可能。

⑨ 回到驾驶室控制台，鸣笛示意前方车辆或人员躲避，因为列车在完全停止前仍会前进数千米。

风笛可能是一个你可以单手握住的向上的把手，也可能是控制台上的一个标有"风笛"（horn）字样的按钮。

如果列车无法减速，冲撞不可避免

❶ 尽量冷静并安静地移动到列车尾部。

在列车冲撞时，这里是最安全的地方。让其他乘客和你一起移动到这里。

❷ 为冲撞做好准备。

卧铺车厢一般位于列车尾部。你可以在这里找到床垫和枕头，来做缓冲。靠着前进方向的墙壁坐好或躺好，这样你就不会在列车冲撞时因惯性向前飞出去。你的位置离机车越远越好。

如何让刹车失灵的汽车停下来

➊ 脚踩刹车踏板，持续点刹。

也许通过给刹车系统施加足够的压力，就能让车速稍稍降低，甚至有可能让车停下来。如果车上装有防抱死制动系统，虽然一般情况下踩不动刹车踏板，但在刹车失灵情况下这样做可能是有用的。

➋ 不要恐慌。放轻松，转弯时不要太急。

就算你的车速比你此刻的体感速度或平时习惯的驾驶速度快，一般情况下也是可以安全转弯的。车尾可能会打滑，保持转向平稳，别把方向盘打过头。

➌ 换到最低挡，依靠发动机和变速器自然减速。

➍ 拉起紧急制动装置，但别太用力。

用力太猛会制动后轮，可能导致车辆侧翻。力道要持续、均衡。紧急制动装置又叫"手刹"或"驻车制动装置"，是一种以钢丝传动的失效保护装置，在其余刹车系统全部失灵的情况下依然能有效制动。在进行紧急制动并换到最低挡后，汽车会渐渐减速，最终停下。

❺ 如果前方道路没有足够的空间让你减速，试试"非法
转弯"。

用力猛拉手刹，同时朝任意方向打1/4圈方向
盘——哪个方向安全就朝哪儿打。这样做能让车实现
180°掉头。如果车正朝低处狂奔，这样做能让你转头朝
高处开去，从而帮助减速。

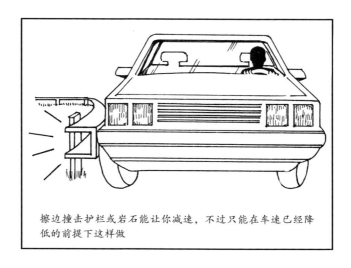

擦边撞击护栏或岩石能让你减速，不过只能在车速已经降
低的前提下这样做

⑥ 如果前方道路有足够的空间，让车以 Z 形前进。

不停左右摇摆、转弯也能让车进一步减速。

⑦ 如果前方有其他车辆，试着利用撞车来停车。

先按响喇叭，连闪车灯，总之尽量引起前方车辆的注意。如果你打算撞上前车，不要撞歪，确保你的车对准前车的保险杠，以免把它撞出路边。通过撞前车来停车是一种极端危险的方法，在双方车速接近且对方的车比你的体量更大时效果最好，理想情况是撞大巴车或卡车。无论如何，都不要尝试去撞车速相对慢很多或停着的车。

⑧ 寻找可以帮你停车的障碍物或地表条件。

路边开阔的平地、上坡的岔路口、田地或篱笆都可以帮你减速，而不会让你突然停下。另一个选择是擦边撞击护栏。你需要的是撞击后不倒塌的障碍物，因此不要选择树或木质电线杆。

⑨ 不要尝试擦边撞击迎面开来的车。

❿ 如果以上措施都没能帮你停车，而你马上要冲出悬崖，那就试着在这之前撞上什么东西以减速。

这样做的另一个用处是留下痕迹，以告知他人此处有人掉下悬崖。不过，很少有悬崖是垂直到底的，所以你的车在翻滚几米后可能会挂在崖壁上。

如何让失控的马停下来

1 用手抓牢马鞍，夹紧双腿。

　　大部分骑手是在被甩下、掉下或自行跳下马背时撞上地面或树木、篱笆桩等固定障碍物受伤的。

2 用一只手抓住马鞍的把手或前部，另一只手抓紧缰绳。

　　如果缰绳松脱，就抓紧马鞍的把手或马鬃，等待马放慢速度或停下来。

3 尽量在马背上坐直。

　　这时，你会下意识向前俯身（尤其是当马奔跑在树木茂密、枝丫交错的丛林中时），要努力抗拒这种本能，因为在命令马停下（吁！）时，骑手的标准姿势并不是趴在马背上的。马能感觉到骑手姿势的差别，所以一定要坐直，坐在马鞍的最深处，踩住马镫的双脚同时微微向前推。

4 用适中的力道拉缰绳，然后放开，如此重复。

　　千万不要在一匹马全速奔跑时用力猛拉缰绳，因为这可能让它失去平衡，导致趔趄或摔倒。如果马在全速奔跑（时速 40～50 千米）时摔倒，骑手重伤甚至死亡的风险相当高。

5 当马减速为大步慢跑或小跑时，用坚定的力道将缰绳拉向一侧，引导马向那一侧偏头。

这个动作会让马开始转圈。马会感到无聊，同时意识到你夺回了控制权，于是会越来越慢，直到最终停下。

6 当马从跑变为走后，双手用坚定的力道拉紧缰绳，直到马渐渐停下。

7 在它找到机会再跑起来之前迅速跳下马背。

下马全程都不要松开缰绳，以免马再次跑动。

注意：

- 马可能会被垂在蹄前的长绳绊倒，如果你不是经验老到的骑手，需要把缰绳两端系在一起，以防绳索滑下马的颈部，埋下安全隐患。

- 马在受惊或极度暴怒时会冲出去，应对这种情况的关键是，以不刺激马的方式让它知道该听从你的指令。你可以用一只手抚摩它的颈部，用安抚的语气对它说话。大吼、尖叫或是踢打只会让它更激动。

如何让飞机在水面迫降

本节内容适用于小型螺旋桨客机（而非大型客机）。

❶ 坐到飞机的操纵装置旁。

如果飞机是双操纵系统，飞行员一般坐在左侧，这时你要坐到右侧。如果飞机只有一套操纵系统，而且飞行员已经没有意识，则应先把他从驾驶位上移开。坐好后系紧安全带。

❷ 如果有无线电耳机，戴上并尝试呼救。

你可能会看到飞行摇杆上的一个按钮，或是仪表板上的一个类似民用波段无线电的麦克风。按下按钮对讲，松开按钮收听。呼喊"Mayday! Mayday!"，然后报告飞机的情况、目的地和航空器呼号（印在仪表板顶端）。如果没有回应，试试121.5兆赫的紧急呼救频道。通话器另一端的人会一步步指导你完成降落。如果没找到能够提供指导的人，接下来你就只能靠自己了。

❸ 熟悉一下情况，弄清各种仪器的用途。

飞行摇杆： 这是飞机的方向盘，正常情况下应该位

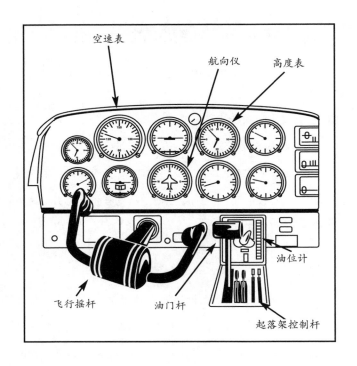

空速表

航向仪

高度表

油位计

飞行摇杆

油门杆

起落架控制杆

于你的前方。它的作用是让飞机转换方向和仰俯角度。朝你的方向拉可以让机头抬升;向前推则会让机头下降;向左推让飞机左转;向右推则让飞机右转。飞行摇杆的灵敏度很高,只需要推拉几厘米就能让飞机转弯。飞机处于巡航状态时,你视野中的机头应该位于地平线以下 8 厘米左右。

高度表：它是一个黑底的刻度盘，位于仪表板中间，指针和读数是白色的。这块表显示的是海拔高度，短指针的单位是 1000 英尺，长指针的单位是 100 英尺。（因为航空计量单位是英尺，本节内容不进行单位转换。）

航向仪：它相当于指南针，也是仪表板上唯一正中央有一个小飞机图标的仪器。这个图标的机头方向代表此刻飞机的飞行方向。

空速表：这个表盘在仪表板左上角，一般情况下其计量单位是节（knot），但也可能显示为英里／小时（mph）。一架小型飞机在巡航状态下的速度为 120 节（1节＝1.15 英里／小时）。低于 70 节是很危险的，飞机有可能失速。

转速表：这块表（图上没有画出，位置在油门杆附近）体现发动机的功率情况，单位是转／分钟（rpm）。更先进的机型上可能配有进气压力表。进气压力表的单位为英寸汞柱（inHg），以此来呈现此刻发动机的功率大小（1 英寸汞柱≈100 转／分钟；10 英寸汞柱≈1000 转／分钟）。如果飞机上配有进气压力表，它一般在转速表的位置上。

油门杆：这根操纵杆是用来控制空速（推力）和机头角度（机头与地平线的相对位置）的。它位于两张座椅之间，通常是黑色的。将它朝你的方向拉可以让飞机减速并使其下降，推离它则能让飞机加速并上升。

油位计：油位计在仪表板下方。如果飞行员遵守美国联邦航空局规章，飞机上应该备有足够飞到目的地后至少继续飞行半小时的燃油。有些飞机配备了备用油箱，但不要尝试换油箱。油箱装满的情况下，一架较轻的飞机能够飞行4.5～5小时。如果油位计显示油箱只有一半油量，飞行时间也相应减半。不过，请记住，飞机上的油位计可能不准确，经验老到的飞行员不会完全信任它。无论读数如何，都要做好燃油不足的准备，因此要找机会尽快着陆，以免拖延下去而陷入被动的境地。

燃油混合比控制阀：这是一个位于仪表板上或主副驾驶座椅间的红色旋钮或操纵杆，负责增减进入发动机的燃料。把它拔出来（朝你的方向拉杆）可以减少燃料流量，按下去（朝前方推杆）可以增加燃料流量。

自动驾驶仪：自动驾驶仪面板位于仪表板下方1/3处，通常在飞行摇杆的左边或右边。面板上有一个标注"开 / 关"（on/off）字样的开关，另有标注"高度"（alt）、

"航向"（heading）和"导航"（nav.）字样的开关或按钮。

襟翼：襟翼是机翼上可移动的面板，用来改变飞行速度或调整飞行高度。这套部件十分复杂，通过它来控制飞机的难度很大。你需要尽量用油门杆来控制空速。

❹ 当飞机直线、水平飞行时，启动自动驾驶仪。

按下"高度"和"航向"按钮，确认"保持模式"（hold）字样亮起。这一操作可以保持当前的飞行高度和航向，让你专心用无线电求援，或评估着陆方案。

❺ 在确定着陆方案后，关闭自动驾驶仪，将油门杆拉向你，以让飞机减速。

尽量缓慢拉杆，让机头带动飞机微微下降。降到大约 2000 英尺时，你才能看清下方水面情况。

❻ 当飞机下降到 2000 英尺时，用飞行摇杆拉起机头，使之与地平线平齐。

如果把飞行摇杆朝你的方向拉时不起作用，就把油门杆稍稍向前推，以增加推力。

❼ 评估下方水面情况。

　　需要注意的是，一定要找平静的水面而非涌浪区域迫降，不然机体很可能被浪头淹没。机头应该朝着风吹来的方向，即逆风迫降，这样才能顺着波浪的方向降落。

❽ 将油门杆朝你的方向拉，以减少推力。

　　不要打开襟翼或起落架，以免其在降落时被浪打到。将飞机下降到100～200英尺的高度。

❾ 继续减小推力，直到转速表读数为1500～1700转/分钟或15～17英寸汞柱。

❿ 将飞行摇杆朝你的方向拉，使机头抬起，至地平线上方至少5°～10°。

　　为防止飞机在水面着陆时因螺旋桨入水而受力翻转，你必须试着让飞机仰头着陆。机头仰角需要使你完全看不到地平线。

⓫ 在接触水面的前一刻，确保将油门杆推至离你最远处。

　　此时，飞机与水面的距离应当不超过10英尺。

⑫ 当飞机距离水面约 5 英尺时，拉起燃油混合比控制阀的红色旋钮，以切断发动机的燃料供应。

在飞机距水面如此近时，要通过对水面的体感而非高度表来判断其高度。

⑬ 轻轻朝你的方向拉飞行摇杆，让机头保持抬升状态。

正常情况下，飞机应当较为平缓地落在水面上。集中注意力，确保机尾先接触水面。如果这架飞机的起落架无法缩回，很可能因为起落架入水而发生翻转。

⑭ 在水面上降落后，尽快打开机上的舱门或窗户，迅速离开飞机。

一旦飞机开始下沉，舱门或窗户就很难被推开了。如果舱门无法打开，就踢碎风挡玻璃。

⑮ 如果机上配有救生衣或救生筏，就在机舱外进行充气。

飞机的紧急定位发射器会持续将你的位置发送给救援人员。

如何在发生空难后求生

如何减少遇到空难的机会

❶ 尽量乘坐直飞航班。

大部分坠机事件发生在起飞和降落期间，因此中转次数越少，你遇到坠机的可能性就越小。

❷ 关注天气。

很多坠机事件发生在恶劣的天气状况下。即将登机时，查看沿途天气，尤其是目的地附近的天气。如果有可能遇到极端天气，可以考虑改签航班。

❸ 穿天然材质的长衣长裤。

一层屏障往往就能帮你避免热辐射和闪光灼伤。不要选择免熨烫的涤纶或尼龙材质的衣服，因为大多数未经专门防火处理的合成纤维在150～200℃的温度下就会熔化。这些纤维在熔化前通常会收缩，如果你贴身穿着这类衣服，烧伤会更严重，治疗也会更困难。要穿不露脚趾的硬底鞋，因为你可能需要在断裂、扭曲的金属或火堆中行走。在很多情况下，乘客在坠机后有机会幸存，却可能因为撞击后的火灾及其产生的烟雾或有毒气体而受伤或丧生。

④ 选择位于机舱后半部分、靠过道的座位。

坐在机舱后半部分的人在坠机后的生还可能性比坐在前半部分的大。除紧急出口附近以外，靠过道的位置是最方便逃生的。逃生的最佳位置是紧急出口旁靠窗的座位。

⑤ 注意听安全须知广播，明确离你最近的紧急出口的位置。

大部分的空难生还者都留心听过安全须知，知道发生事故后如何逃离飞机。事先规划好坠机后从哪个紧急出口逃生，以及在首选出口不能用时的备用选项。

⑥ 事先数好你的位置与紧急出口之间的座位数，以防机内烟雾弥漫时看不清路。

明确紧急出口的门如何开启，掌握其使用步骤。

⑦ 演练几次打开安全带的动作。

很多人误以为要按压搭扣，实际上是需要掀起它。

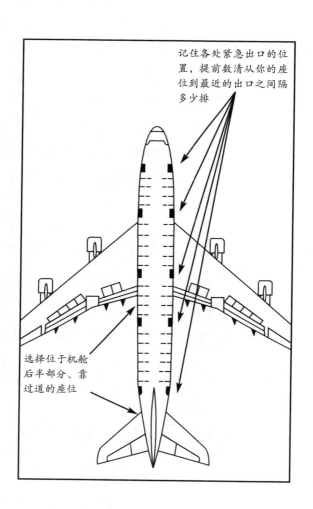

记住各处紧急出口的位置，提前数清从你的座位到最近的出口之间隔多少排

选择位于机舱后半部分、靠过道的座位

在即将坠机时做好准备

❶ 确保你的安全带已经系紧，座椅靠背完全立起。

❷ 弯腰，用一只手臂环住双膝。

❸ 把座位配备的枕头放在腿上，用另一只手臂把你的头压在枕头上。

❹ 把双腿向前伸，用双脚或双膝顶住前方座椅，为冲撞做好准备。

　　如果飞机即将在水上迫降，事先扯松衬衫（和领带），以免过紧的衣服妨碍你游泳。准备好应对两次冲击：第一次是机体拍打水面时，第二次是机头最前端拍打水面时。

❺ 保持冷静，随时准备自救。

　　遇到空难时，大部分人都能凭借自己的力量或在同机乘客的帮助下走出飞机。消防员和救援队是不会钻进飞机来救你的。

6 不要试图带走行李。

　　如果有无论如何都不能丢掉的东西，你应该把它随身携带，而不是放在手提包或行李箱里。

7 如果飞机着火，压低身体移动。

　　遵循起飞前安全须知广播中介绍的步骤逃生。你可以沿着亮起的地板照明灯找到紧急出口——出口那排的指示灯是红色的。

第二章

危险关系

如何在暴乱中逃生

❶ 得知附近出现暴动或骚乱时，尽量不出门。

远离窗边。打开广播或电视，随时关注新闻。如果听到枪响，试着分辨交火位置。如果电话还可用，通过电话打听消息，或询问你所在酒店的经理。

❷ 如果你判断暴乱是短期内无法解决的，或已经严重威胁你的生命安全，想办法尽快离开这个国家。

❸ 确定去往机场或本国使领馆的最佳路线，通过安全出口离开住处。

在去机场前，需要确认它尚未因暴乱而关闭。如果无法前往本国使领馆，可以想办法去其他国家的使领馆求助。

❹ 穿不显眼的衣服。

穿上长袖上衣、牛仔裤、袜子和轻便的靴子，再戴顶帽子。就算你身处热带国家，也可能登机后气温变低。你还可能要在机场过夜，或是去更冷的地方中转。

❺ 撤离时避开交火地点和暴徒。

　　选择不易被人发觉的撤离路线。你可以从窗户、通风口离开，必要时甚至可以翻越屋顶。

❻ 混在人群里行动。

　　尤其在需要越过一片开阔地带，如建筑物前面、宽阔的街道或广场时，和其他人结伴前进更安全。这时，狙击手或敌人需要瞄准多个目标，而不是你一个，这可能会让他们无法立刻下手，帮你赢得更多逃生时间。

❼ 不要跑。

　　只要不是处于性命危在旦夕的情况，尽量选择走路前进。行走比奔跑更难被人发现，因为人眼更容易捕捉奔跑中的目标。奔跑也可能激起敌人的情绪，让他们来追赶你。

❽ 如果你必须开车，做好在途中躲避敌人的准备。

　　不要走大道，尽量走后街，并准备好在情况危急时弃车逃跑。留意哪里有关卡，哪里需要绕路，哪里有十字路口，哪里有军方或警方的驻地。不要因为任何情况停下来。记住，在必要时，汽车逾1吨的重量可以让它成为即便是一群暴徒也阻挡不住的武器。如果遇到了不能向前开的情况，你也可以倒车逃生。

比起自己开车，找一个靠得住、认路的司机要好得多。如果找不到这样的司机，也叫不到出租车，则可以雇一个当地人帮你开车（作为报酬，你可能需要把车留给对方）。到了使领馆或机场，就把车留在外面。

如果你的车被"莫洛托夫鸡尾酒"（装着可燃液体、用布条等引燃的玻璃容器）砸中了，就加速前进——加速后火可能被吹灭。

不要走大道，尽量走后街，并准备好在必要时弃车逃跑。去机场或本国使领馆

⑨ 如果遇到了绕不开的人为路障，做好用财物换取放行的准备。

你可能需要留下携带的一切东西才能被放行。先提出付钱，对方表示不够的话，再加上其他物品（如手表、相机、珠宝等）。

⑩ 尽快去使领馆或机场。

注意

* 如果你身处一个局势不稳定、有可能发生暴乱的地区，要事先为迅速撤离做好准备。同行的每个人都要准备好各自的逃生行李，放在大门附近。首选结实的小背包，里面应该备好：

   手电：选择小型手电，再带上备用电池。如果有条件，可以附上红色或蓝色滤光片，因为这两种颜色在晚上很难被（狙击手或暴徒）发现。

   小型指南针和所在城市的详细地图：事先在地图上标出使领馆和直升机着陆区的位置。

   刀具：带上一把小号折叠刀，以备切割之需。

点火工具：用防水袋装上防风火柴或打火机。另外，带上几小包轻便且易燃的棉绒或纸屑。

黑色垃圾袋：这些可以用来搭建简易庇护所或是做伪装之用。

水和食物：每人应至少携带 2 升水，食物则要选择高热量的或即食的。不要在没有水的情况下进食。

- 准备一个可挂在脖子上的多口袋小包，随身携带并藏好以下物品：

钱：带上 25 美元（如有）和全部当地货币，分散放在小包和衣袋里，需要时可用来贿赂关卡放行。掏钱的时候要一团团掏出，让对方以为你已经倾尽所有。无论如何都不要把证件交给他人。除了在挂脖小包里多放些钱，还要把大部分现金藏在袜子、内裤里。

护照：把护照复印件放在小包主口袋里，方便拿取。把原件放在别处。如果当地官员要求查看，就给他们看复印件。永远不要让别人拿走护照原件。

其他文件：把签证、电话簿、公民身份证明、出生证明等和护照原件放在一起。

软耳塞：直升机飞行时噪声很大。如果你不得不在交战区域睡觉，耳塞会派上用场。

如何在被劫持后逃生

恐怖分子需要展现武力与控制力。为此，他们会将人质视为物品，顺理成章地实施虐待。你可以尝试以下做法，以免受到虐待或陷入更糟糕的处境。

❶ 保持冷静。

帮助其他人质保持冷静。记住，绑匪实际上极其紧张和恐惧，因此你要避免任何会加剧其紧张和恐惧的举动。如果他们没对你说话，就不要主动对他们说话。

❷ 如果发生交火，不要抬头，匍匐在地上。

如果附近有遮蔽物，就躲在遮蔽物后面。但不要挪太远，否则他们会以为你想逃跑或袭击他们。

❸ 避免任何突然或可疑的举动。

不要尝试藏钱包、护照、票据或财物。

❹ 听从他们的全部命令。

如果没有立即照做，你可能会被当场杀死，或在之后遭到惩罚甚至处决。保持警觉，但不要尝试逃跑或逞英雄。如果绑匪让你双手抱头、不准抬头或换成某个姿势，一定照做。无论他们要求的姿势多难受，都不要擅自变换。安慰自己放松下来，尽量习惯这个姿势，因为你可能需要保持很久。从心理和情绪上准备好应对长时间的折磨。

❺ 如果绑匪没有问话，就绝不要主动直视其眼睛或抬头。

　　如果要对绑匪说话，一定要先举手示意，并使用尊敬的语气。在回答绑匪问题时，要保持尊敬，但不要唯唯诺诺。用你平时的语气说话即可。

❻ 绝不要挑衅绑匪。

　　他们通常会寻找"杀鸡儆猴"的目标。你如果表现出拒不服从的态度，就可能会被他们选中。

❼ 仔细观察绑匪的性格与行为细节。

　　在脑子里给他们起绰号，以分辨他们。记下他们的服饰、口音、面部特征或身高等任何有辨识度的特征，好在脱身之后告诉警方。

⑧ 如果你乘坐的航班被劫持，请尽快确定离你最近的紧急出口的位置。

事先数清你的位置到出口之间的座椅排数。如果发生紧急情况，烟雾可能让你迷失方向，因此你需要掌握逃出飞机的最短路线。不要尝试逃跑，除非你确定一场屠杀在所难免。

⑨ 如果救援人员赶到，请趴下，不要动。

双方可能发生交火。任何突然的举动都可能让你被绑匪或救援人员误伤。

⑩ 事件解决后，准备好向救援人员证明你的身份并帮忙指认绑匪。

有时绑匪可能会试图冒充人质和你们一起离开。

注意

• 不要在公众场合拿出或展示护照，以降低被绑匪选中的可能性。

• 在机场、火车站、汽车站、酒店大堂和面向游客的高档商店里时，要格外警觉。虽然国家内部暴乱或游击队活动的目标通常是本国人，游客相对安全，但恐怖分子经常会选择帮他们吸引别人关注的目标。

如何应对想揩油的当地官员

① 如果官员找你麻烦，态度要不卑不亢。

    既不要表现得过于讨好，也不要甩脸色。先搞清楚是
真出了问题，还是对方在寻求一些额外的、私下的好处。

② 绝不要突兀地赠送钱物。

    万一误解了对方的意思，送礼只会增加不必要的麻烦。

③ 如果对方表示你违反了规定，则要争取在现场缴纳罚款。

    告诉对方你不想之后通过邮件联系，也不想转去其
他地方处理，因为你担心交上去的钱物会遗失。告诉对
方，你不希望钱物落到其他人手里。

④ 只和同一名官员交涉。

    观察一下谁是负责人，并和这个人沟通。如果你先
给下级官员好处，上级可能会要求给自己更多。

注意

- 钱包里只放一小部分现金，把其余的现金藏好，以免在不讲理的官员面前露富。

如何避免被坑蒙拐骗

你在旅途中可能遇到各种各样的骗术。你需要了解最常见的行骗、行窃方式，才能在遇到骗子或小偷时识破他们的花招。下面将介绍游客最常遇到的骗子或小偷的三种伎俩，以及避免受害的方法。

偷行李

行窃过程：

这种机场盗窃术需要两个人配合。一号小偷会在你前面过安检。等你把行李放在 X 光机传送带上后，二号小偷会突然插队到你的前面。他会在衣袋里装很多硬币或其他金属物件，于是你得等着他清空衣袋并反复走过安检门，直到再也没有警报声为止。与此同时，一号小偷已经拿起你的行李大摇大摆地离开了。等你终于通过安检门，才发现行李已经不见了，两个小偷也都逃之夭夭了。

应对方案：

❶ 选择外观独特、不会与其他行李混淆的箱包。

❷ 提前做好准备。

　　不是所有国家的旅客都遵守排队规则。在某些地方，由于人们习惯了互相推搡，小偷很容易得手。

❸ 永远不让行李离开你的视线。

　　即使在排队时，也要占据一个能看到传送带尽头的位置。

❹ 把行李放在传送带上后，不要让任何人插到你前面。

❺ 留意你的行李，必要时对安检人员采取坚决的态度。

❻ 如果你有同行者，不要一个接一个过安检门。

　　选择隔几个人的站位，并把最值钱的财物留给最后一个人携带。第一个过安检门的人可以守在 X 光机出口处，等其他人的行李被传送出来。

复制护照或信用卡

行骗过程：

　　当你用旅行支票支付账单时，商家会要求你出示护照，以对照签名。他会以签名笔迹不一致为由，要求你把护照和一张信用卡拿给他去复印，以作身份证明。他会复制你的信息，日后用来盗刷你的卡。

应对方案：

❶ 当着商家的面现场签旅行支票。

亲眼看到你签名后，对方就不能用"签名是伪造的"来当行骗借口了。

❷ 永远不要让别人复印你的信用卡或护照。

❸ 用现金付账，或立刻离开这家商店。

拿纸板的孩子

行窃过程：

一群孩子（通常有 6～10 人）会来找你乞讨。他们把你团团围住，一边大声讨要金钱或糖果，一边举着纸板对你推推搡搡。他们的声音会让你分心，往你身上蹭的纸板会让你感觉不到他们伸进你衣袋或包里的小手。整个过程总共不过几秒钟。接着，这群孩子就会带着你的财物四散奔逃。你就算意识到自己的东西被偷了，也不知道该追哪个孩子。

应对方案：

❶ 如果你独自在外，看到一群乞讨的孩子朝你走来，就往
人多的地方去。

　　可以走进最近的商店或餐馆。

❷ 如果实在无处可躲，就把钱包紧紧抓在手上，以免被他
们掏走。

　　更好的做法是预先把现金分散放在多个口袋里。

❸ 尽量大声说话，动作幅度夸张，以吸引旁人注意。

注意

● 贴身钱袋或腰包虽然比钱包的防护作用更好，但在老
练的扒手面前也形同虚设。如果你背着腰包，就一直
把它背在身前，不能像时装腰包那样松垮地垂着。

● 把你的护照放在酒店保险柜里，只带复印件出门。
如果你必须带原件，把它装进口袋之后，再用安全
别针别好，以多上一层保险。

如何应对拦路抢劫

① 不要和劫匪争论或扭打，除非你的生命已经危在旦夕。

　　如果劫匪要求你交出手包、钱包或其他财物，就乖乖拿给他们。钱财不值得你赔上性命。

② 当你确定劫匪会对你或你身边的人不利时，可攻击对方身体的致命位置。

　　你的目标是，第一击就使对方丧失行动力，可用的方法包括：

- 用手指猛插对方的眼睛或眼睛上方柔软处。

- 用膝盖向上猛击对方裆部（遇到男劫匪时）。

- 抓住对方的睾丸并狠捏，就像挤碎一把葡萄一样（遇到男劫匪时）。

- 用拇指和食指之间的部位或掌缘猛击对方咽喉正前方，要直接、用力。

- 用手肘猛击对方肋骨一侧。

- 用脚狠踩对方脚背。

❸ 用某些物品当武器。

     针对劫匪身体上某些脆弱的部位进行袭击时，很多日常用品都能变成威力强大的武器。你可以使用手边现有的物品，包括：

- 棍状物，可以用来捅对方的眼睛或裆部。
- 钥匙，可以夹在手指之间，加大挥掌或出拳时的杀伤力。
- 汽车天线，可以用来捅或抽对方的面部和眼睛。

如何跟踪盗窃你东西的人

① 如果你认为某人偷了你的东西，在跟踪对方之前，先做好变装。

   如果你穿着外套，就脱掉它。如果你在衬衫下面还有 T 恤，就脱掉衬衫。如果之前没戴帽子或墨镜，就戴上，反之亦然。总之，别让对方认出你来。

② 任何时候都不要直接盯着你跟踪的对象。

   你可以用隐蔽的方式观察对方。切忌和对方的目光相接。

③ 留意对方的识别特征（衣着、步态、身高和体重）。

   掌握了这些特征，就算他藏在人群中（或跟丢对方后），你也能认出他。

④ 在跟踪过程中距离目标远一些。

   千万不要紧跟在对方身后。至少跟对方保持十几米的距离，或者从路对面跟踪。

5 如果对方走进商店，不要跟进去。

待在外面，假装看商店橱窗，或在隔着几家店的位置等对方出来。如果对方短时间内没有出现，则要检查一下这家商店是否有后门。

6 确定对方到达目的地后，向有关部门报告。

独自面对窃贼是非常危险的。打电话或让店主替你报警。报警时，要准确描述目标及其所在的地点。

注意

- 偷包贼或扒手一般会采用这样的盗窃模式：第一个贼在得手后会立刻把钱包转交给第二个贼，以摆脱你的追踪；第二个贼会把钱包交给第三个贼。因此如果可以做到的话，尽量咬紧第一个贼。对方手上虽然没有你的钱包，但他多半能引导你找到拿着你钱包的人。

如何摆脱跟踪

在开车的情况下

❶ 首先，确认你被跟踪了。

怀疑有人开车跟踪你时，在继续开的同时观察对方的车辆。如果对方在你后面，试着在路口转三四个弯，以确认对方是在跟踪你。然后，往一边打方向灯，实际迅速转向另一边，看看对方是不是会被你误导。

❷ 确认你被跟踪后立即开车上高速公路，或去往人员密集、车水马龙的区域。

不要开回家，也不要开往偏僻地带或进入小巷。在人多的地方比在荒无人烟的地方更容易甩掉跟踪者。

❸ 把车速控制在道路限速水平，或更慢的速度。

不久后，就会有另一辆车（不是跟踪你的那辆）准备超过你。此时稍稍提速，让对方在你身后停下。如此重复几次，但不要慢到让路人的车辆真的超过你。

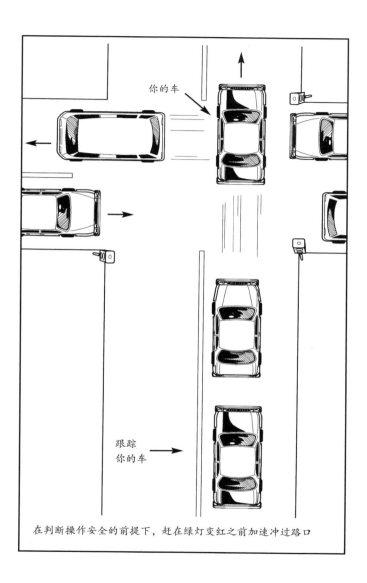

你的车

跟踪
你的车

在判断操作安全的前提下，赶在绿灯变红之前加速冲过路口

❹ 在一个有交通信号灯的繁忙路口减速，然后猛然加速，赶在灯变红之前冲过去。

　　　跟踪你的车可能会被红灯拦住。如果你因为闯红灯引来了交警，跟踪你的车多半会放弃并离开。

❺ 如果你周围有几辆车，借助这些车的掩护加速冲下高速（如果之前你在高速上），然后快速转几个弯，甩掉跟踪者。

　　　这种情况下，跟踪你的车会因为离你太远，没法继续跟下去而放弃。

❻ 在甩掉跟踪者后，立刻寻找停车场、修车厂或购物中心之类车辆众多的地方停下。

❼ 如果采用上述步骤后你仍然没有甩掉跟踪者，就开到公安局或派出所求助。

在步行的情况下

❶ 确认你被跟踪，并锁定跟踪者。

　　　随便选一条路走，然后在路口突然转向，掉头沿来路返回。不过，注意不要迷路或迷失方向。留心观察跟踪者的识别特征（衣着、步态、身高和体重等）。

❷ 注意对方的一举一动，但不要直接回头看。

用商店玻璃之类能反光的物品观察跟踪者。如果化妆盒带镜子，也可以用它来观察。

❸ 待在人群中。

不要往家的方向走，也不要去往人迹罕至的地方或走进暗巷。

❹ 确定自己被人跟踪后，你可以采用以下方式甩掉对方。

- 从大门进入一家商店或餐馆，然后从后门溜掉——大部分餐馆的后厨是有出口的。
- 买一张电影票，在开始放映后进入影厅，赶在你的跟踪者进入影厅前从紧急出口离开。
- 搭乘公共交通工具，赶在车门关闭的前一秒下车或登上车。

⑤ 如果你还是没能甩掉跟踪者，就直接走进公安局或派出所，或在公共场合报警。

　　没有确定甩掉对方以前，千万不要回家。

注意

- 如果你能确定跟踪者不会对你造成伤害，你也可以在公共场合当着众人的面直接质问对方，告知对方你已经发现他在跟踪你，问他有什么企图。

第三章

移动技能

如何从一个屋顶跳到另一个屋顶

❶ 如果时间充裕，事先观察前方障碍物。

除了在建筑物之间跳跃以外，你可能还需要跳过矮墙、排水沟或其他障碍物。

❷ 评估你的目标建筑物。

确保有足够的空间供你落地和翻滚。如果目标建筑物比你的起跳点低，估测一下低多少。如果落差在 1～2 层楼的高度，你有可能会崴脚或摔断腿；如果相差 2 层楼以上，你将面临摔断脊椎的风险。

❸ 评估建筑物之间的距离。

在有助跑的前提下，大部分人跳跃距离的上限是 3 米。如果建筑物之间的距离超过 3 米，跳跃就会存在重伤甚至死亡的风险。你必须成功跳过这段距离，落到目标建筑物顶部，至少也要扒住其边缘。如果目标建筑物更低，跳跃的前冲力会在你下落时多送出一段距离，因此你的跳跃距离可能会达到 3.5 米左右。一般人有可能横跳过一条小巷，但要跳过两车道宽度的街道就不大可能了。

❹ 选择好起跳点和落地点。

❺ 起跳前朝着目标建筑物边缘全力助跑。

　　想要跳过两三米的距离，全力助跑是必须的。你要跑上 12～18 米才能获得跳过 3 米所需的速度。

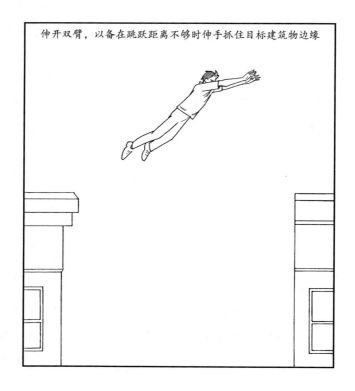

伸开双臂，以备在跳跃距离不够时伸手抓住目标建筑物边缘

6 起跳。

你有可能无法成功跳过全程，必须伸手去抓，因此要保证你的身体重心越过目标建筑物边缘。跳跃时尽量伸开双臂和手掌，准备随时抓住建筑物的边缘。

7 尽量双脚先落地，然后迅速护住头部，向一侧翻滚，让肩膀着地。而不是向前翻滚，使头颈受力。

你从静止状态开始跳跃的速度不像跳车时那么快，前滚翻还是相对安全的。

如何跳下行驶中的列车

❶ 移动到最后一节车厢。

　　如果时间不允许，你也可以从车与车之间的空隙跳下，或者找一个你能打开的门，从门口跳下。

❷ 如果情况不算紧急，就等车转弯减速时再跳。

　　如果你的跳跃和着地方式正确，就算车速很快（110千米/小时或更快），也有很大概率成功逃生。不过，车速越慢，成功概率越大。

❸ 在衣服下面塞入毯子、衣物或坐垫等缓冲物。

　　如果身边有衣物，可以穿一件厚实或材质粗硬的外套。用腰带绕着头缠一圈衬垫，注意不要遮挡视线。在膝盖、手肘和臀部也垫一些缓冲物。

❹ 在跳车前，选好着地点。

　　理想的着地点应该是相对柔软且没有障碍物的地方。不要选择有树、灌木丛的位置，更不要选附近有石头的地方。

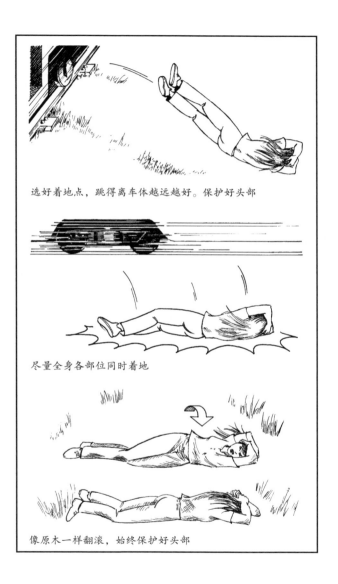

选好着地点，跳得离车体越远越好。保护好头部

尽量全身各部位同时着地

像原木一样翻滚，始终保护好头部

⑤ 跳跃前尽量压低身体以贴近列车地板，弯曲膝盖，准备从车厢起跳。

⑥ 朝与车体垂直的方向跳，跳得离车体越远越好。

就算你是从最后一节车厢跳车的，也要在起跳时找好角度。以与列车的行驶方向垂直的角度跳车，能尽量避免你的身体被跳跃的冲力推向车轮或铁轨。

⑦ 用手和手臂护住头部，着地后像原木一样翻滚。

不要尝试用双脚着地。身体打直，尽量使全身各部位同时着地，这样你就能用更大的身体面积去分散冲力。如果双脚着地，你很有可能会摔断腿或脚踝。翻滚时一定要避免前滚翻。

如何逃出悬崖边摇摇欲坠的汽车

1 不要变换重心，也不要突然做任何动作。

2 判断你还有多少时间能够离开。

> 如果这辆车属于常规的车型，它多半是前轮驱动的，引擎在车的前部，这意味着它的重量集中在前部。如果悬在悬崖外的是车尾而非车头，那么你会有更多时间爬出来。但如果悬在外面的是车头，你就需要谨慎评估一下当前的情况了：车身呈什么角度？它是否在摇摆？你变换重心的动作是否会引起它的晃动？如果车身正不断滑动，你就必须尽快行动了。

3 如果前门没有悬空，无论是车头还是车尾朝外，都从这里逃生。

> 轻轻地打开前门，慢慢地移动，然后爬出去。

4 如果前门已经悬空，就移动到车尾。

> 缓慢而小心地移动，不要跳或晃。如果手边有方向盘锁或螺丝刀，带上它。你可能需要用它来帮你打开通道。

如果前门已经悬空，就缓慢移动到车尾，从那里爬出去

❺ 再次评估你的处境。

打开后门会让车身开始倾斜吗？如果不会，就慢慢打开它，然后迅速钻出去。

❻ 如果你判断打开后门会让车身倾斜并翻下悬崖，就必须打破车窗出去。

在保持重心不变、避免车身摇晃的前提下，用方向盘锁或螺丝刀打碎后门上的车窗（这样做比打破后车窗更安全，因为你爬出时的动作幅度会相对较小）。击打车窗中间部位——车窗使用的是安全玻璃，不会有碎玻璃伤到你。

❼ 以最快的速度钻出来。

注意

- 在车里有多人的情况下，同时位于前座（或同时位于后座）的人的每一步动作都必须同步。
- 如果司机和乘客同时分散在前后座上，要让离悬崖边最近的人先出去。

被捆绑后如何逃脱

如果上身被捆绑

❶ 在匪徒开始捆绑你时，要尽量伸展身体。

- 深吸一口气，将胸廓撑大，双肩外扩。
- 屈曲手臂，撑开绳索。
- 尽量把绳索向外推。

❷ 当匪徒离开后，收缩胸腹部。

❸ 扭动身体，借助刚才捆绑时留的多余空间脱离。

如果双手或腕部被捆绑

❶ 在匪徒开始捆绑你时，屈曲手臂，撑开绳索。

❷ 尽量让双腕分开。

❸ 当匪徒离开后，使用带有尖头的物体（钉子或钩子）来挑松绳索。

　　你也可以用牙咬和拉扯，以让绳结松开。

深吸一口气

屈曲手臂，撑开绳索

尽量让双腕分开

脚尖和膝盖并拢

④ 放松并收缩手和手腕，直到绳索与身体之间留出的空间足够你的手掌和手指从中脱出。

如果双腿和脚踝被捆绑

① 在被捆绑时，大腿、膝盖、小腿和脚踝尽量屈曲，以向外撑开绳索。

- 如果脚踝被捆住，可以将脚尖和膝盖并拢，这样脚踝便会自然分开。
- 如果大腿或小腿被捆住，可以将脚尖并拢，同时让腿部微微外翻，这样被捆的腿部便会自然分开。

② 当匪徒离开后，放松腿部，使其从绳索中脱出。

就算双手被绑，你也可以用手将捆住腿或脚踝的绳索拽下来。

摆脱封口布

✪ 把面部或头部在墙壁、某件家具或任何凸出的物体上摩擦，以将封口布蹭下来。

如何冲破路障

① 确认路障上最薄弱的部分。

　　路障或大门开启（上锁）的位置通常是其最薄弱的部分。有些路障或大门没有上锁，而是靠电动或磁力装置开关的。对于后者，不需要使用冲撞的方式，车本身的推力就足够顶开它。

② 对准最薄弱的一点。

　　如果条件允许的话，使用车尾去冲撞，因为用车头撞可能会撞坏发动机并导致车抛锚。

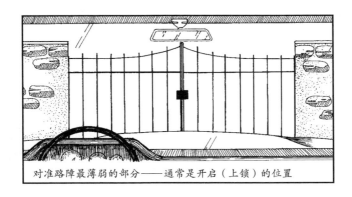

对准路障最薄弱的部分——通常是开启（上锁）的位置

❸ 加速到 50～70 千米 / 小时。

　　冲得太猛可能会对车身造成不必要的损坏。把脚放在油门上，以随时准备踩下。同时，也要事先思考，一旦冲破路障，你还需要多大空间来让车转向或停止。

❹ 如果你的目标是非常高的路障或栅栏，在撞击前的那一刻务必弯腰护住头和脸。

　　路障碎片可能会溅入车窗，风挡玻璃也可能被撞碎。

❺ 避开埋入地下的杆子或地锁。

　　这些弯而不折的东西可能卡住你的车底盘，对其造成损坏，或让车动弹不得。

❻ 如果没有一次性撞开，则要重复撞击。

如果路障是电子控制的

　　对由电子控制开合的大门（就像住宅小区的那种门禁），最好是用推而不是撞的方式打开它。用车强行推开这种门的方式对车身造成的损伤最小，且通常都能成功。如果你的驾驶方向和门开启的方向一致，你只需要用保险杠抵住门，将其推开便可。和汽车发动机的推力相比，控制门的小小电动装置简直不堪一击。

如何逃出汽车后备箱

❶ 如果后备箱和座椅之间没有隔断，就试着推倒座椅。

虽然大部分座椅调节开关都设在车内，但还是有可能从后备箱发力将座椅推倒或折叠的。如果此举无效，则进入下一步。

❷ 摸索地毯或衬垫等物，在下面找到后备箱控制线。

很多新车型会把后备箱开启装置设在驾驶座底下。在这种车上，后备箱开启装置会引出一根控制线与后备箱相连。在地毯、衬垫下或某片金属薄板后寻找这根线。找到后拉扯它，就能打开后备箱门。如果此举无效，则进入下一步。

❸ 在后备箱内找一件可用的工具。

很多车的后备箱里备有紧急工具箱，就在备胎下方或附近。这种工具箱内通常有螺丝刀、手电筒或撬棍，你可以使用螺丝刀或撬棍撬开后备箱门，也可以将后备箱门的一角撬开，然后对行人挥手或叫喊，争取吸引他人注意力。如果没有工具，则进入下一步。

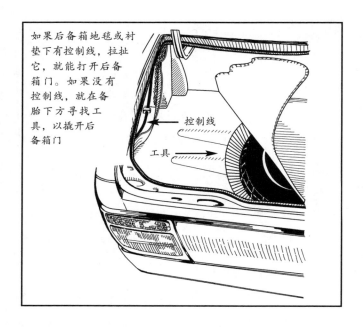

如果后备箱地毯或衬垫下有控制线，拉扯它，就能打开后备箱门。如果没有控制线，就在备胎下方寻找工具，以撬开后备箱门

控制线

工具

④ 拽掉刹车灯后的电线，推开或踢掉刹车灯，将其破坏。

　　然后从空隙中对行人或其他车辆挥手、叫喊，吸引其注意力。如果你所在的车正在路上行驶，而你需要向后车示意的话，这个方法就比较合适。

注意

- 后备箱通常都不是密闭的，因此在这里发生窒息的可能性很小。正常呼吸，不要恐慌，否则会增加因为换气过度而晕倒的风险。但是需注意，在高温天气下，汽车后备箱内的温度可高达60℃，因此要在保持冷静的同时尽快打开后备箱门。

掉下铁轨后如何自救

❶ 如果不确定有足够的时间爬上站台，就不要尝试。

如果列车已经开来，你需要尽快避险。

❷ 不要靠近铁轨，也不要靠近贴着警示条或刷着红白条纹
的墙壁。

这些标志意味着列车会擦着这些墙壁经过，因此
车与墙之间的距离不够容纳一个人。不过，在贴有这些
警告标志的墙上，每隔几米应该会设有一个凹室。如果
这种凹室能容纳你的身体，在列车经过时你可以躲在
里面。

❸ 如果铁轨靠近墙壁，检查一下二者之间的距离是否足够
容纳一个人。

二者之间的距离应有 45～60 厘米，你才可以站在
这里。脱下身上任何可能被车体钩住的衣饰。面朝列车
站直，挺身，保持静止。列车会在你面前十几厘米处
掠过。

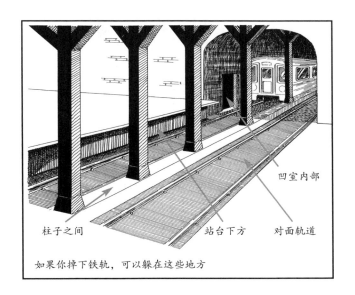

凹室内部

柱子之间　　　　　　　　站台下方　　对面轨道

如果你掉下铁轨，可以躲在这些地方

④　如果站台下有相对的两列轨道，当一列来车时，你可以
到另一列上躲避。

　　也要小心对面是否有来车。注意，跨过第三根轨道
（输电轨）时不要踩在上面，也不要踩它的木质保护壳，
因为这层壳可能无法承受你的体重。

⑤　如果两列轨道之间有一排柱子，可以站在柱子之间。

　　脱去任何可能被车体钩住的衣饰，面朝列车站直，
挺身，保持静止。

❻ 观察站台边缘下方是否有让你躲避列车的空间。

实在没有其他方法时再尝试这么做。因为世界各地的站台没有统一规格，所以不建议你优先采取这个方法。

其他选择：

如果上述方法都不可行，你还有另外两个选择。

- 朝站台前端奔跑，争取跑过列车车头将停下的位置。

  沿靠近站台的铁轨行驶的列车多半会在本站停车（不停车的快车则会在中间的铁轨上行驶），因此你可以朝站台前端奔跑，一旦跑过车头停下的位置就安全了。（注意：此方法不适用于来车不在本站停靠的情况，因此选择这个方法时，你是在拿性命博弈。）

- 如果铁轨间的混凝土地面上有凹槽，在其中卧倒——这里可能有足够空间让你躲避从上方驶过的列车。（不到无路可走的时候不要选择这个方法，因为列车可能钩住你身上的物品，凹槽也可能不够深。）

电梯坠落时如何求生

1 趴在电梯地面上，尽量摊平身体。

趴下能分散对你的冲击力，而且在坠落时你可能很
难站立。在电梯中心位置卧倒。

2 用手护住头部，以免被天花板上掉落的部件砸到。

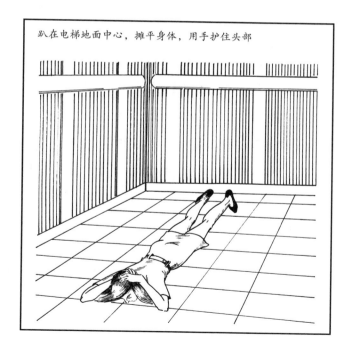

趴在电梯地面中心，摊平身体，用手护住头部

注意

- 液压式电梯比缆式（又称牵引式）电梯更容易坠落，这是因为液压式电梯是由底部的巨型活塞推动的。这种活塞类似千斤顶，可能因受到地面腐蚀而出现结构受损的情况，最终导致轿厢坠落。不过，液压式电梯的限高约为 21 米，因此就算轿厢从顶层坠落，也多会导致乘客受伤，而不至于造成死亡。

- 电梯配备了多种安全措施，有记载的电梯坠落致死案例非常罕见。总体来说，缆式电梯一路坠落到底层的概率是极小的。再者，电梯井道内的压缩空气柱和井道底部的轿厢缓冲装置会在很大程度上减小坠落时的冲击力，使其不至于致命。

- 在电梯坠落触底前一刻跳起来的方法并不现实。首先，你正好算准跳跃最佳时机的可能性简直微乎其微。其次，电梯坠落触底后未必能保持完整，它有可能在你身边分崩离析。如果你刚好被弹到半空中，或者哪怕你站立不动，电梯飞溅的碎片也可能对你造成伤害。

第四章

野外求生

迷失丛林后如何求生

如何找到人烟

❶ 找到河流。

　　一般来说，动物的足迹可以引导你找到河流。水是在丛林中寻找方向的关键，而且水路通常是最快的行进路线。

❷ 制作简易木筏（方法见后）。

❸ 乘坐木筏顺流而下。

❹ 只在白天走水路。

　　短吻鳄、湾鳄等水中猛兽通常会在夜间捕猎，因此不要在夜里走水路。

❺ 仔细观察两岸村庄或人类定居点的痕迹。

　　丛林中的很多村庄或人类定居点都位于河流沿岸。

如何制作木筏：

你需要两块防水布或斗篷、一些灌木枝、两根较粗的树枝，以及绳索或藤蔓

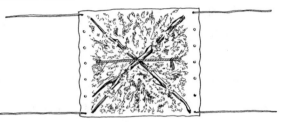

把绳索系在防水布的四角上。在防水布上堆放一层大约45厘米厚的灌木枝，然后在灌木枝上方交叉放置两根粗树枝

在粗树枝上方继续堆放一层同样厚的灌木枝，随后压紧枝条。用防水布边缘紧紧地包住中间的灌木枝，然后以对角形式系紧绳索

把另一块防水布在地上摊开，然后将包好灌木枝的防水布团开口朝下且居中放于其上方。如图所示，系紧另一块布的绳索。使用时，让有绳索的一面朝上

如何寻找食物和水

✪ 如果你手边没有净水装置，可以砍下粗大的水藤或香蕉树，吮吸茎中涌出的水分。

只有在实在找不到水、面临脱水和死亡的威胁时，才能去河流中取水喝。喝下河水后，不出意外的话，你会腹泻，因此要增加水的摄入量，保持移动状态。

✪ 食物入口前要剥皮，不能剥皮的要烹熟。

不要食用颜色鲜艳或有乳白色汁液的植物（这种类型的植物大多有毒）。

昆虫、幼虫和生鱼（身上无刚毛或刺毛的）是可以食用的。你可以在腐烂的树干或植被下面找到昆虫或幼虫。昆虫去掉头后可以直接吃。果实在入口前要仔细去皮，因为果皮上可能携带细菌，这会导致腹泻。

如何在野外行进

• 把路过的新鲜植被折断或推倒，用来标记路线。这样做能让叶片翻过来，下方颜色较浅的一面朝上。如果需要折返，你就能凭这种记号找到来路。

• 天气糟糕时需要寻找庇护所。较大的树洞就是个不错的选择。在树洞的地面铺上棕榈叶，再用棕榈叶盖好洞口。（注意：如果遇到雷雨天气，不要在较高的树下搭这种庇护所。）

- 小心<u>丛林</u>中潜藏的危险。生活在丛林里的大部分动物（如较大的猫科动物和蛇）像你躲避它们一样，也对你避之不及。真正会对你造成威胁的是那些不起眼的小东西：蝎子、蚂蚁、飞虫、蚊子、水中或水果上的细菌。防止被蜇或被咬的最佳方法就是留心你碰触和踩踏的地方。在<u>丛林</u>中，蚂蚁无处不在，因此夜间不要选择在它们的行进路线当中或巢穴附近扎营。绝不要碰任何颜色鲜艳的两栖动物（比如箭毒蛙），它们的皮肤上有剧毒，碰一下就会中毒。

注意

- 在去野外旅行之前，好好研究一下当地的地图。注意目标地点的地形，附近是否有道路或河流。一旦迷路，你就可以根据事先掌握的地形知识判断前往哪个方向有机会遇到道路或河流，并通过它们找到人烟。

- 丛林的树冠有可能完全遮挡住太阳光，因此指南针可能是唯一帮你判断方向的工具。厚厚的树冠还会妨碍救援者发现你的位置，甚至会让他们无法找到坠毁的飞机。和迷失在开阔的荒野中不同的是，如果你在丛林中停下，等待你的注定是死亡。

- 你可以用白蚁巢来制作天然驱虫剂。这种巢在地上和树上随处可见。它们的外观就像不规则的土包，大小接近 200 升容积的桶。把它打碎（它看上去像土块，实际上是被白蚁分解的木头），将碎屑涂抹在皮肤上。

如何在没有指南针的情况下辨别方向

投影辨位法

注意，你的坐标离赤道越近，这个方法的精确度就越低。你需要：

- 一块有指针的表。
- 一根 15 厘米长的小棍。

如果你在北半球：

❶ 将小棍垂直插在地上，使其形成投影。

❷ 把手表放在地上，让时针与影子平行。

❸ 找到时针所示时间和 12 点钟的中点。

如果你的手表显示的是夏令时，就找到时针所示时间和 1 点钟的中点。

❹ 将确定的中点和手表中点连线。

这条线指示的就是南北方向。太阳的位置就是南方。

如果你在南半球：

✪ 把手表放在地上，让12点钟方向和影子平行。

　　然后找到时针所示时间和12点钟的中点，将其和手表中点连线。这条线指示的就是南北方向。太阳的位置就是北方。

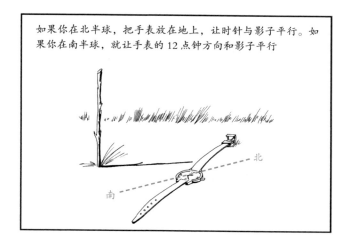

如果你在北半球，把手表放在地上，让时针与影子平行。如果你在南半球，就让手表的12点钟方向和影子平行

南　北

星空辨位法

如果你在北半球:

⭐ 找到北极星。

北极星是小北斗七星斗柄上的最后一颗星。朝它前进,就意味着你在朝北走。你可以利用北斗七星找到北极星。将北斗七星斗口末端距离斗柄最远的两颗星连起来,这条线会指向北极星。再将该线向外延伸 5 倍的长度,就能找到北极星。

如果你在南半球:

⭐ 找到南十字座。

这是 4 颗明亮的星星,组成略微向一侧倾斜的十字形。将十字较长的一端向外延伸大约 4 倍长,就能找到南天极。如果你此刻能看到地平线,可以从南天极那一点垂直画一条线与地平线相交,将交点作为指示南方的地标。

看云辨位法

✪ 观察云，判断它们在朝哪个方向飘动。

以北半球举例，天气情况是从西向东发展变化的。这条定律在山地环境中可能出现误差，但大体上可以帮你定位。

苔藓辨位法

✪ 找到苔藓。

苔藓生长在有大量水分、长时间不见阳光的地方。以北半球举例，树干的北侧比南侧更阴凉、潮湿，因此苔藓大多长在北侧。不过这个方法不是万无一失的——在很多森林中，树干的两侧都是阴凉、潮湿的。

如何爬出一口井

如果井口较窄

你在背靠一侧的同时还能用脚蹬住另一侧，保持身体悬空，那就可以采用"爬烟囱"技巧爬出去。

❶ 用后背抵住井壁，手和脚都抵住对面井壁。

此时你的身体呈 L 形，后背挺直，双腿向前伸出，脚掌抵住对面井壁。如果井壁不是完全垂直，而是向一侧倾斜的，就背靠较低的那一侧井壁。

❷ 大腿发力，用均衡、稳定的力道保持脚下的牵引力和背后的摩擦力，从而保持身体悬空。

❸ 把双手置于臀部下方，推身后的井壁。

❹ 右脚从对面井壁上撤回，蹬住身后的井壁。

弯曲右腿，右脚蹬在身后的井壁上，而左脚依然蹬住对面井壁。

❺ 用双手将身体从井壁上抬起，同时用手和脚的力量将身体向上推。

　　向上移动 15～25 厘米。

❻ 再将后背靠在井壁上，右脚蹬住对面井壁，位置比左脚高一些。

　　休息一下。

❼ 从左脚开始重复一遍整套动作。

　　反复换脚，一点点向上移动到井口。

❽ 靠近井口后，伸手抓住井口边缘，然后攀爬并翻上去。

　　像引体向上一样，先用双手将身体拉上去一半，再将身体重心转到小臂上，使身体探出井口。然后将身体重心转移到双手，将身体推起，同时借助蹬在对面井壁上的那只脚的力量彻底爬出来。

爬出井口较窄的井道：
用后背抵住井壁，手和脚
都抵住对面井壁

保持脚下的牵引力，并把
双手置于臀部下方

把一只脚从对面井壁上撤回，
蹬在身后的井壁上

用双手将身体向上推。之后
重复一遍整套动作

如果井口较宽

对于直径没有超过臂展的较宽井口，可以使用"雄鹰展翅"或"两脚撑开"技巧。

❶ 用右手和右脚抵住一边井壁，同时用左手和左脚抵住另一边。

手的位置应该在肩膀之下，手指朝下。

❷ 采用一种类似剪刀的站姿，向脚部施加压力，身体微微向右转。

❸ 双手向两边推，以此支撑身体。

❹ 一只脚飞快向上移动十几厘米，然后另一只脚迅速跟上并移动。

❺ 重复这个动作，直至爬到井口。在井口处找到牢固的东西抓稳，翻出井边。

如果井口没有任何可以抓取的东西，就继续向上爬，直到上身探出井口。然后向前趴伏在井口，利用杠杆原理爬上井口。

如何穿越雷区

① 集中注意力在你的脚下。

② 站住不动。

③ 观察附近地面上是否有尖钉、引爆装置、电线、凸钮或颜色较浅的部分。

④ 避免碰到尖钉、引爆装置、电线、凸钮或颜色较浅的部分，慢慢沿着你刚才踩过的地方退回去。

   不要转身，倒着走回去。

⑤ 确定安全以后再停下。

如何辨认并避开地雷

避开雷区的最简单的方法就是不去它们可能"埋伏"的地区，如刚刚经历战争的国家。如果你正身处这样的地区，请依照下列步骤行动。

- 询问当地人。最清楚危险区域的依次是排爆专家、当地妇女和孩子。他们是很好的信息来源。

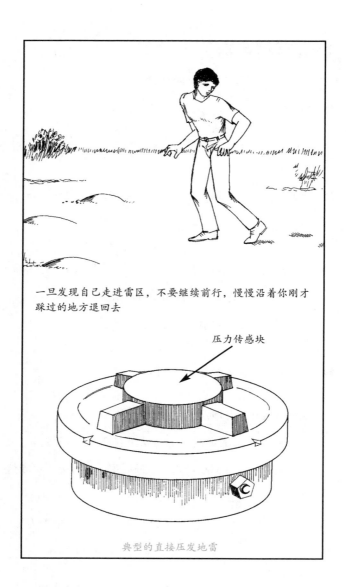

一旦发现自己走进雷区，不要继续前行，慢慢沿着你刚才踩过的地方退回去

压力传感块

典型的直接压发地雷

- 观察附近活动的动物。在田野间活动的动物是货真价实的"扫雷员"。如果你发现某片人迹罕至的地区活动着大规模肢体残缺不全的动物，那就意味着这里可能有地雷。

- 观察当地人的行动。如果当地人不走某些看似正常的道路，他们很可能是为了绕开雷区。观察他们不走哪些路，也像他们一样绕行。绝不要独自在可能有地雷的区域活动。

- 寻找地表被翻动的痕迹。如果土壤有被翻动的痕迹或地表有褪色的情况，说明可能有人在附近匆忙布下了地雷。

- 寻找拦在路上的线。发现横跨道路的绊线，意味着附近有地雷或其他爆炸物。

- 在路上或路旁寻找新近被炸毁的车辆。燃烧、冒烟的车辆或被炸过的坑，是附近刚发生过爆炸的证明。绝不要认为发生过爆炸的雷区就一定安全。

- 绕开灌木丛与植被过多的区域和道路。这里的排雷标志会被遮挡，无法判断安全与否，你也很难独自找到路。

注意

● 不少地雷是不会失效的，始终存在被触发的可能。
 进入有地雷的地区后，一定要跟随向导前行。

● 地雷有四种基本类型：

 绊发地雷：碰到连接引爆装置的线便会触发的地雷。

 压发地雷：踩上压力传感块后便会触发的地雷。

 定时地雷：这里的定时器可能是电子表、数字表、滴落后相混合的化学物质或简易机械定时器。时间一到就会触发的地雷。

 遥控地雷：这种地雷可以经由线路传播的电荷（引信）、无线电信号、温度或声音传感器触发。

遇到离岸流时如何逃生

　　离岸流是一种细长的水带，会以迅雷不及掩耳之势把岸边的一切物体卷入海中。这种浪很危险，但遇上后也比较容易逃脱。

❶ 不要与其对抗。

　　在离岸流造成的死亡案例中，大部分的死因都是溺水。被离岸流卷走的人经常因为拼命对抗水流而耗尽体力，无法游回岸边。

❷ 不要努力朝岸边游。

　　逆流前进非常困难，通常也会迷失方向。

❸ 游泳方向要和岸边平行，也就是横穿水流。

　　一般情况下，离岸流的宽度不超过 30 米，因此成功横穿水流并非不可能。

❹ 如果你游不出离岸流的范围，就仰躺着漂浮，任凭它把你带离岸边。最终你会脱离它的控制。

　　离岸流的范围通常在距离岸边 50～100 米处。

❺ 脱离它的控制后，向旁边游去，再绕回岸边。

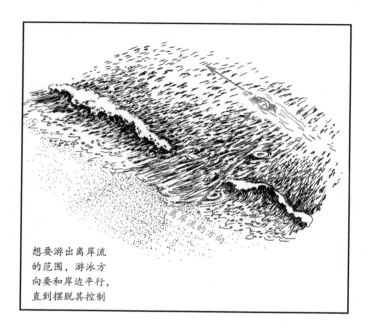

想要游出离岸流
的范围，游泳方
向要和岸边平行，
直到摆脱其控制

注意

● 强风天更容易出现离岸流。

● 离岸流的标志有：浑浊或夹带沙子、漂浮的杂物穿过
碎浪带朝外海而去的带状海浪，碎浪带中一些浪高断
层降低的区域，以及海滩上垂直于岸边的带状凹陷。

掉入冰窟后如何求生

① 保持匀速呼吸。

　　猛然接触冰水造成的刺激极强，所以请保持冷静。

② 转向你来时的方向。

　　因为你来时走过的冰面应该是最厚的。

③ 用手肘撑在冰窟边缘，从水中撑起身体。

　　先不要急着爬上来，保持这个姿势。尽量让衣服吸取的水分排出。

双手向结实的冰面伸出去，可以将钥匙或其他物品插入冰面，以增加抓力。在努力爬出水面的同时蹬腿

④ 双手向结实的冰面伸出去，越远越好。

如果身上有车钥匙、梳子、刷子或任何能插进冰面的物品，可以用它来帮你爬出冰窟。

⑤ 像游泳那样持续蹬腿，同时爬上冰面。

⑥ 爬上冰面后，不要站起来。

保持趴下的姿势，然后通过横向滚动的方式远离冰窟。这样做会让你的体重更均匀地分布在冰面上，以防止你再次坠入冰窟。

如何在寒冷的水中求生

❶ 不要尝试游泳，除非距离极短。

一个身体强壮的人在 10℃ 的水中游完 50 米的成功率不超过 50%。只有在短短几次划水后就能抓住岸边、船或漂浮物的情况下才可以尝试游泳。（游泳时冷水扑打皮肤，会导致体温飞快下降。冷水夺取体温的能力是同等温度的空气的 25 倍。低于 21℃ 的水就可能导致人失温。）

❷ 如果你独自穿戴着漂浮装置漂在水上，就采取减少散热的专用姿势。

双脚交叉，双膝贴近胸口，双手在胸前交叉。用手捂住胸口上方或颈部，以保持这些部位温暖。不要脱掉衣服。吸过水的衣服不会让你下沉，却能像潜水衣一样尽量把温热的水留在你的皮肤四周。采取这种姿势能使热量流失减少一半。

❸ 如果你们有两人或两人以上，且都穿戴着漂浮装置，就采取"抱团"姿势。

如果有 2～4 人，应该采取"抱团"姿势，胸部互相贴近。把体格较小的人夹在体格更大的人的中间。这种姿势不仅能让人们互相取暖，还能让求救目标更大，更容易被救援人员发现。

❹ 尽可能减小动作幅度。

心率加快会导致体温加速变低。请保持正常的呼吸频率。

❺ 获救后，注意观察是否有失温迹象。

口齿不清和不再颤抖标志着身体过度失温，应立刻采取措施让体温升高。

如果你没有穿戴漂浮装置

❶ 抓住任何漂浮物。

一根浮木、一个塑料水桶或一个充气塑料袋都可以充当不错的漂浮装置。

❷ 如果找不到任何漂浮物，就仰面漂在水上，缓慢地踩水，或采取减少散热的专用姿势。

❸ 如果你无法浮在水上或踩水，就扣上外衣或衬衫第一颗扣子，然后从衣摆下方拍打水，让衣服里充满空气并鼓起。

　　充了气的衣服能帮你浮在水上，但因需要较大的动作幅度才能充气，所以容易使体温降低，也存在一定危险。

如果落水的人有两个以上，就采取"抱团"姿势，让彼此的胸部互相贴近

如何缓解失温并升高体温

❶ 用 40～43℃的温水浸泡身体，让四肢搭在浴缸外，缓慢地给身体加温。

　　在失温的情况下，温度过低的血液将集中在四肢。如果给四肢和身体其他部分一起升温，血管会扩张，温度过低的血液大量冲回心脏，可能导致低血压、核心区温度降低，进而增加死亡风险。

❷ 不要按摩四肢。

❸ 如果没有温水，就在附近找一个庇护所。

　　在里面生火。在积雪中也可以生火，且不会造成大面积融化。

❹ 给失温者吃糖水、糖果、茶水、葡萄糖片剂或其他高热量的温热食物来恢复体能。

注意

● 施救者只有一个人时，试图通过身体接触帮助失温者恢复体温是很危险的，这可能导致施救者自身体温大量流失，让两个人都陷入失温的危险。如果想采取这种方法，施救者至少得有两个人。把两只睡袋连在一起，两名施救者一左一右，把失温者夹在中间。在此过程中应保持聊天状态，每个人都要开口说话，以防有人失去意识。

如何成功跳下瀑布

1 在跳下悬崖之前，先吸一大口气。

在空中时可能没有机会呼吸，下方的水也可能很深。

2 跳下后保持双脚朝下。

从瀑布上跳下的最大危险就是被水下某些硬物撞到头部并导致昏迷。就算双脚朝下，也存在手脚骨折的可能。并拢双脚，保持身体与水面垂直。

3 在跳跃时，跳得离悬崖尽可能远。

以免直接撞上瀑布底端的岩石。

4 用双臂护住头部。

5 一接触到水面就立刻游泳，不要等到浮起来再游。

游泳的动作可以延缓下沉的速度。

6 顺流而下游开，远离瀑布。

这一点很重要，不然你可能会被困在瀑布后方或其下方的岩石上。

跳得离悬崖尽可能远，双脚朝下，用双臂护住头部

如何在火山喷发时逃生

① 注意滚落的岩石、树木和残渣。

　　如果你正好赶上大量残渣落下，请蜷起身体，保护头部。如果你被困在溪流附近，要当心泥石流（大量融化的积雪或冰混合了碎石、泥土以及其他残渣后流下来）。往高处走，尤其是在你听到泥石流滚落的声音后。

如果你正好赶上大量残渣落下，请蜷起身体，保护头部

❷ 如果你正好处在岩浆滚落的路线上，用尽一切方法尽快离开。

　　你是不可能跑赢岩浆的，所以不要沿着它滚下的方向跑。如果附近有凹陷的地势或山谷，岩浆就可能从你身边转向，所以应试着跑到不会被它波及的那一侧。

❸ 尽快躲进室内。

　　如果你本来就在室内，请不要出来，条件允许的话爬到高层。关闭所有门窗，在时间允许的情况下把室外的一切车辆和机械都搬进室内。

❹ 坐或躺在地板上是十分危险的。

　　坐或躺在地板上可能让你因吸入火山喷出的气体而导致中毒。最危险的当数二氧化碳，它无色无味，比空气密度大，会在地面聚集。

❺ 如果当地政府没有通知撤离，不要贸然这样做。

　　成功率最大的逃生方式是开车前往安全地带，但汽车的速度可能无法超过岩浆的流速（有些岩浆的流速高达 160～320 千米 / 小时），火山灰也可能飞快堵塞汽车的散热器和发动机。因此，如果没有接到撤离通知，不要贸然自行开车出行。

注意

火山喷发可能引发一系列次生灾害，包括泥石流、地震、海啸和危险的酸雨等。如果你要前往有火山的地区，请在手边备好如下紧急物资：

- 手电筒和备用电池；

- 急救包；

- 应急食品和水；

- 非电动开罐器；

- 基础药品；

- 防尘面具；

- 结实的鞋；

- 护目镜；

- 便携式氧气瓶。

第五章

食物和庇护所

高层酒店起火时如何逃生

住酒店时如果听到火警，一定不要掉以轻心，抓紧时间按酒店工作人员的指示逃生。如果起火点就在附近，请遵从以下步骤。

❶ 用手背试探房间门把手的温度。

如果门把手已经变得滚烫，跳到第 2 步，之后跳到第 5 步。如果门把手的温度不高，则依次执行下面的步骤。

❷ 在浴缸中放一些凉水。

把浴巾、毛巾、床单和毯子浸入水中。如果此刻已经停水了，就从马桶水箱里取水。用湿毛巾捂住口鼻，把湿床单或浴巾蒙在头上。

❸ 打开门。

❹ 如果走廊里已经满是烟雾，尽量伏低身子前行——保持离地面 30～60 厘米。

一直移动到紧急出口处。无论何时都不要乘坐电梯。

❺ 如果门把手是烫的，不要开门。

把湿毛巾塞在门下缝隙里，以防烟雾进入房间。

❻ 试着给前台或其他楼层的房间打电话，询问楼内其他区域的情况。

❼ 关闭可能把烟雾抽进房间的电扇或空调，然后把窗户打开一条缝。

如果着火点在下方楼层，烟雾可能通过窗户弥漫进来，所以窗户不宜开得太大。如果着火点不在下方，就把窗户打开 1/3 或 1/2。

❽ 在窗前用湿浴巾或湿床单搭一个帐篷。

如果大量烟雾从窗户涌入房间，就不要搭帐篷。帐篷的搭法是：用手高举浴巾或床单，或将一端固定在窗框上，让另一端自然垂落在你身后。这样做能阻挡烟雾，并能让你呼吸外面的空气。湿浴巾有助于给空气降温，也能让你呼吸顺畅。

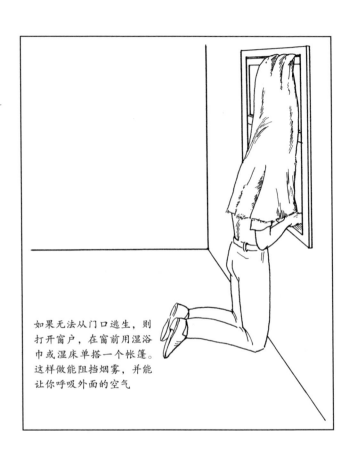

如果无法从门口逃生，则打开窗户，在窗前用湿浴巾或湿床单搭一个帐篷。这样做能阻挡烟雾，并能让你呼吸外面的空气

❾ 用白毛巾或手电吸引救援人员的注意。

　　然后等待救援。

⑩ 如果房间里的空气质量渐渐变差，呼吸变得困难，也没有等来救援人员，就试着踢穿墙壁去隔壁房间。

衣橱是打破墙壁的最佳地点。坐在衣橱地板上，试着敲击墙壁各处，直到听到某处传来中空的声音。（墙体立柱的间隔一般为 40 厘米左右。）用双脚大力踢穿你这边的石膏墙板，然后同样踢穿另一边的墙板。你可以通过打开的洞口呼吸新鲜空气，如果情况不妙，你也可能需要继续扩大洞口，逃到隔壁房间去。

⑪ 如果不能打穿墙壁，就到窗边去看看酒店外墙。

如果酒店房间的阳台都相隔较近，可以考虑爬到同楼层的隔壁阳台上。如果没有这样的阳台，可以把床单系在一起，垂到正下方的阳台上。打平结（就是系鞋带时打的第一个结，连打两次），然后利用床单下降到下一层。不要挑战两层以上的距离。在没有其他退路的情况下才能使用这种方法，比如当危险近在咫尺，或救援人员与你只有一步之遥的时候。

注意

- 消防车可能无法靠近位于泳池边或面朝后院的房间，因此在预订时尽量选择临街的房间。

- 入住前查看酒店信息，确保房间里有烟雾探测器和消防喷淋装置。

- 事先数清从你的房间到最近的消防通道之间有几扇门。这样一来，就算烟雾阻碍了视线，你也能成功逃生。

- 把你房间的钥匙放在不用开灯也能摸到的地方。

- 无论如何都不要从二层以上的楼层跳下，否则你可能会有生命危险。

如何在荒岛上获得淡水

❶ 用手边一切可利用的容器收集雨水。

碗、盘甚至头盔都可以用来集水，充气救生筏和展开的布也可以。在非常干燥的环境中，夜里的水蒸气会在物体表面凝结成水。把防水布或其他织物做成碗状，也能用来收集水。

❷ 收集露水。

把碎布或一簇较细的草系在脚踝上，日出时在草丛里或枝叶茂密处走来走去。这些物体会沾上露珠，之后你可以把收集到的水分拧绞到容器里。

❸ 去往山地。

一座海岸线看似荒芜的岛屿上可能藏有一片植被茂密的山地，这意味着岛上存在淡水溪流。沿着植被的痕迹可以找到溪流。但如果不是非常有把握找到水源（即能确定植被茂密的地带就在不远处），建议不要浪费太多能量去翻山越岭或远距离移动。

把碎布系在脚踝上，用来收集露水

④ 捉鱼。

鱼眼睛周围和鱼椎骨——最大的那根刺（鲨鱼刺除外）中含有可以饮用的液体。吮吸鱼眼睛，折断鱼椎骨的骨节并吮吸里面的液体。鱼肉中也有可以饮用的水分，但鱼肉中的蛋白质很高，消化蛋白质需要额外的水分，所以最好把生鱼肉中的液体挤到布或防水布上，以提取水分。

⑤ 寻找鸟粪。

在干旱地区，如果岩石裂缝四周落有鸟粪，下面可能存在淡水（鸟类通常会在淡水资源周围聚集）。将一块布塞进裂缝里，然后把吸上来的水拧绞到容器或嘴里。

❻ 找到香蕉或大蕉树。

砍断树干，留下大约 30 厘米高的树桩。将树桩中部掏空，使内部呈碗状。在接下来的 4 天里，树根吸上来的水分会填满被掏空的树桩。如此重复 3 次后，树桩中的水的苦味才可能慢慢变淡。盖住开敞的树桩，以免虫子爬进去。

注意

● 一般来说，直接饮用海水是比较危险的，摄入过多盐分可能会引发肾脏问题。此外，1 升海水中的废弃物质需要 2 倍的体液才能代谢完毕。如果无法找到淡水，最终只能饮用海水求生时，要把 1 天的饮用量限制在 950 毫升以下。虽然饮用海水不安全，但你能因此活命。

● 用容器收集的雨水基本上可以安全饮用，不过要保证容器足够干净，而且需尽快饮用。储存太久的水会孳生细菌。

如何净化水

在野外，有 4 种方式可以获取安全的饮用水：过滤、化学处理、蒸馏和煮沸。

过滤

从山涧、泉水、河流、湖泊和池塘等处获取的淡水都可以采用过滤法。

❶ 寻找或自制过滤装置。

咖啡滤纸、纸巾、普通打印纸，甚至衣服都能充当过滤器（布料纹理越细腻越好）。你也可以自制一个有效的过滤装置，比如往一只袜子里分层装入碾碎的木炭、粉碎的小石子和沙子。

❷ 把水倒入过滤装置，使其滤出。

重复几次，以滤掉水中的杂质。

注意

- 过滤只能清除水中的部分杂质，而无法杀死细菌或其他微生物。最好的方法是先过滤，然后对水进行化学处理或煮沸。

化学处理

❶ 往每 1 升水中加入 2 滴家用漂白剂。

如果水非常凉或浑浊，则加入 3 滴。

或者往每 1 升水中加入 1 粒碘片或 5 滴市售碘酒（一般浓度为 2%）。

❷ 将水与漂白剂或碘酒搅匀，放置至少 1 小时。

这些化学药剂会杀死微生物。放置时间越长，水就越纯净。最安全的方式是将水静置一夜后再饮用。

蒸馏

太阳能蒸馏器利用太阳的热量让地表下的水分蒸发，然后用漏斗将其收集到容器里以供饮用。太阳能蒸馏器的制法可参考以下步骤。

❶ 在地上挖一个深约 30 厘米的坑，直径要足够放下容器。

❷ 把一个干净的容器放在坑的中央。

❸ 用一块塑料布覆盖坑面。

    一张防水布或从垃圾袋上撕下的一片塑料布都可以。

❹ 在坑四周用木棍或石头压住塑料布，使其与地面齐平，
   并封住坑内空气。

❺ 在塑料布中央戳一个直径为 0.5～1 厘米的洞，在洞旁
   边放一块小石子，使整块塑料布呈漏斗形。

    确保洞在容器上方，而且没有接触容器顶端。

❻ 等候。

    太阳的热量会让土壤中的水分蒸发，水蒸气会在塑
   料布上凝结，随后滴落到容器里。虽然这个装置不会产
   出很多水（不会超过一杯），但这种蒸馏水是可以直接
   喝的。整个蒸馏过程可能需要几小时到一整天，要视土
   壤中水分的多少和阳光的强烈程度而定。

煮沸

◇◇◇◇◇◇

⭐ 至少煮 1 分钟，所处海拔每上升 300 米，煮水时间就要延长 1 分钟。

　　如果燃料充足，将水煮到 10 分钟以后再喝。煮水时间越长，水中残留的微生物越少。不过，超过 10 分钟就不会有进一步的净水效果了。确定水凉以后再入口。

如何在雪中自建庇护所

挖雪壕沟

❶ 根据盛行风向找好角度，将壕沟的开口设在背风处。

　　你需要找一块足够大的地方，躺下时，其长、宽刚好比你的身体多出少许。壕沟不需要挖很深，提供一个足以让你保持体温的舒适空间即可。

❷ 用你手边的工具或任何能充当工具的物品挖出壕沟，把其中一端挖得更宽、更平。你的头朝向这端。

　　一口煎锅或一片又长又扁的木板都能充当合适的挖掘工具。

❸ 在壕沟上方分层搭上树枝、防水布、塑料布和你手边的任何材料，在最上面盖上一层薄薄的雪。

　　你可以用背包、雪块或任何既能挡住寒风又能透气的东西充当进出壕沟的"门"。

挖雪洞

❶ 找一片足够大的坡面雪堆。

　　根据盛行风向找好角度，将雪洞的开口设在背风处。

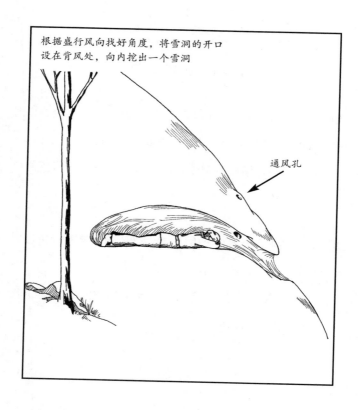

根据盛行风向找好角度，将雪洞的开口设在背风处，向内挖出一个雪洞

通风孔

② 向雪堆内挖出一条狭窄的隧道，稍稍向上倾斜。

挖出一个让你在躺下后不会碰到两侧、洞顶和前后两端的洞。

③ 洞顶略呈拱形。

一个平整的洞顶是没有承重力的，很有可能在挖好洞之前就会坍塌。雪洞的顶至少要有 30 厘米厚。如果你能在洞顶看到蓝绿色的光（透进来的阳光），这说明雪洞的顶太薄了。

④ 在洞顶挖一个通风孔。

这个通风孔能带来新鲜空气。如果你想点蜡烛，它可以让一根蜡烛保持燃烧。但不要使用比一根蜡烛更大的热源，过热会导致洞顶变软、融化，从而变得不够结实。

盖冰屋

如果雪层不够厚，无法挖壕沟或洞，而你又有大量时间和精力，可以选择盖一座奎奇（Quin-Zhee）。这是一种由主要居住在加拿大和美国阿拉斯加州的阿萨巴斯坎部落的印第安人设计的雪地庇护所。

❶ 堆一个大雪堆，压实。

　　雪堆的尺寸要大到能让你挖出一个能够舒舒服服地坐卧在里面的洞。

❷ 等待一小时，让雪堆变结实。

❸ 在里面挖出一个雪洞来。

注意

- 比起建造雪地庇护所，一个更好的选择是躲在人造建筑或车辆中。如果以上都没有，就寻找一个能帮你减少体温流失的藏身之处。普通土洞、倒卧的树干或露出的岩层都能起到挡风的作用。

- 如果你在建造雪地庇护所的过程中会打湿身体，或在建好后也没法将身体烘干，就不要费力开工了。就算你建造的是仅够容纳一人的庇护所，搬运这么多雪也是一项大工程，而在挖掘时，你的皮肤或衣物与雪的任何接触都会加速体温流失。

- 在建造庇护所时，落地时间最长的雪是最容易处理的，因为这些部分已经变得坚固了。

- 雪是一种绝佳的隔音及吸音材料。如果躲在雪地庇护所里，你可能听不到救援人员或飞机的声音。所以，你最好在地面上留下一些能被救援人员发现的标志（一块防水布或者用木棍拼出的"HELP"或"SOS"字样）。

- 在任何庇护所内部，用你能找到的一切材料垫在身体下面，不要直接接触地面或雪。如果能找到松树枝或类似的柔软、天然的材料，就把这些垫到30厘米或更高，因为你的体重会把它们压塌不少。

- 在庇护所里，你的身体所散发的热量和你呼出的热气会让庇护所内部变得比较舒适。

如何在海啸来临时逃生

　　海啸是一系列由海底地震、火山爆发和山体滑坡等地质灾害造成的传播极远的海浪。它们能横跨数百甚至数千千米的距离。已知的海啸产生的浪高在 15～30 米之间。（海啸产生的浪经常被误认为潮汐波，但二者是不同的现象。潮汐波的起因是天体的引潮力造成的潮汐现象，而海啸与其无关。）

❶ 如果你就在海边，注意如下预示海啸到来的信号：

- 海平面升起或落下。
- 地表震动。
- 长时间的巨响。

❷ 如果你在小港口里的船上，并在海啸来临前接到了预警，请迅速转移船只。

　　你的最佳选择是让船靠岸并转移到地势较高处，其次的选择是将船驶向大洋深处，否则船会被海浪冲上码头甚至陆地。海啸在从深水区移动到浅水区的过程中的破坏力是最大的，因为浪头会在浅滩上层层堆叠，导致杀伤力加倍。在深水区，你甚至可能感受不到海啸经过。

❸ 如果你在陆地上，请立刻转移到地势较高处。

　　海啸的前进速度比人的奔跑速度快得多。要以最快的速度远离海边。

❹ 如果你在海边的高层酒店或公寓里，没有足够时间转移到远离岸边的高处，就尽快爬到较高的楼层。

　　高层建筑中的较高楼层在这种情况下是安全的避难所。

注意

- 海啸的第一拨浪头未必是最大的。

- 海啸带来的浪头可能沿着入海的河流或溪流倒灌。

- 海啸导致的洪水可以冲上海拔超过 300 米的陆地，使大片土地陷入汪洋，留下无数残骸。

如何在沙尘暴中逃生

❶ 把头巾或其他布料打湿，蒙住口鼻。

❷ 在鼻腔内部涂上少许润滑剂。

　　这样能尽可能使鼻腔黏膜保湿。

❸ 确保没有同伴掉队。

　　可以手拉手或用绳索把同行者连在一起，这样不仅可以避免有人在沙尘暴中走散，而且能及时发现受伤或失去行动能力的同伴。

❹ 如果正在开车，请把车停到路边，离路肩越远越好。

　　关闭车灯，打开紧急制动，确保尾灯关闭。从后方驶来的车辆在沙尘暴中会以为前车在路上行驶，撞上停在前方路肩上的车，关闭尾灯能帮你避免此类危险。

❺ 尽量转移到高处。

　　沙粒在地表移动的主要方式是弹射，即从一处跳到另一处，但它们在草地、泥土和沙地等的表面不会弹得太高，因此转移到地势较高处，哪怕只高过地面几十厘米，也是明智的选择。不过，沙尘暴可能会伴随着雷暴雨，因此还要小心被雷击中。如果你在沙尘暴中听到了雷声，或看到了闪电，就不要转移到高处了。

用打湿的头巾或其他布料蒙住口鼻，以免吸入沙尘

注意

- 如果你所在的地区有发生沙尘暴的风险（基本上都是风沙很大的地区），请穿好长裤、袜子和鞋，因为比起上半身，飞舞的沙子会更容易刮擦你的脚和小腿。

如何在没有鱼竿的情况下捉鱼

❶ 确定最佳捉鱼位置。

    鱼通常喜欢在湖、河、溪流岸边的阴影处聚集。

❷ 砍下或折下一根长约 60 厘米的分叉的树枝（分叉大约
    在 30 厘米处）。

❸ 把上方两根枝条系在一起。

    系好后的枝条可以充当捕网的圆形框架。

❹ 脱掉你的衬衫或 T 恤，在两条袖子和领口下的位置打一
    个结。

❺ 把用树枝做的捕网框架塞进衣服里，用钉或系的方法把
    衣服沿着框架固定牢靠。

❻ 用做好的捕网捞鱼。

其他方法：

    对于较大的鱼类，可以用一端削尖的木棍将其扎上
    来。这种方法适合用于夜间鱼浮上水面的情况。

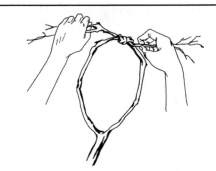

找一根分叉的树枝，将上方两根枝条系在一起

把 T 恤系一个结

把捕网框架塞进衣服里，固定牢靠

如何制造捕猎陷阱

套索陷阱

这种陷阱（套索或罗网）的目标是在地表活动的小型动物，目的是让它们动弹不得，但不会致命。

❶ 找一根长 60 厘米左右的金属丝和一根木棍。

必须用金属丝，因为线绳和麻绳会被动物咬断。

❷ 将金属丝一端缠在木棍上。

用一只手拽住金属丝，同时另一只手扭动木棍，让金属丝在木棍上缠成圈。

❸ 在靠近金属圈的位置折断并取出木棍。

将木棍从金属圈中抽出，这样一个小圈就做好了。

❹ 将金属丝的另一端从小圈中穿出。

这样一个套索环就做好了，踩进去的动物越挣扎就会被套得越紧。套索环的直径要留出十几厘米。

❺ 把金属丝的另一端缠在一根 30 厘米长的木棍上。

⑥ 把陷阱置于动物出没的小径当中，或其巢穴的入口处。

可以设置两个陷阱，一前一后摆放，以提高成功率。被一个陷阱困住的动物挣扎时很容易踩进另一个陷阱。

⑦ 把木棍插进地里。

把木棍插在动物不容易注意到的区域。做好记号，以便下次来时能找到它。

⑧ 每天只查看陷阱一两次。

过于频繁查看陷阱可能会吓跑附近的动物。当一只准备回窝的动物踩进陷阱时，它会试图奋力挣脱，但这反而会让金属圈收得更紧。

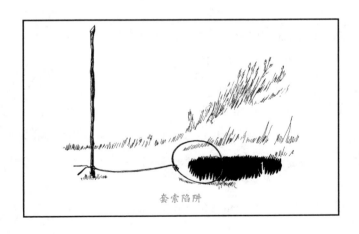

套索陷阱

重力陷阱

这种陷阱通过激发机关，利用重力困住或杀死猎物。最简单的重力陷阱是落石陷阱，用机关触发一块石头或沉重的木头，从而困住或杀死猎物。

❶ 选择动物经常经过的小径设置陷阱。

❷ 找三根长度和粗细差不多的、直的木棍或木片，以及一块大且沉重的石头或木头。

这些木棍的长度和粗细要根据你打算用它们支撑的石头或木头的重量来确定，因此要学会自行判断。

❸ 在一根木棍中间凿一个方形缺口。

再将其一端削成扁头螺丝刀的形状——薄而扁平。用这根木棍做支撑棍。

❹ 在另一根木棍中间凿一个方形缺口（像榫卯那样插入前一根木棍的方形缺口）。

在距离这根木棍一端几厘米处凿一个三角缺口，然后将另一端削尖。用这根木棍做诱饵棍。

❺ 在最后一根木棍中间凿一个三角缺口。

　　　这根木棍是置于支撑棍之上的。把这根木棍一端削成扁头螺丝刀的形状（用来插入诱饵棍上的三角缺口），将另一端削平。用这根木棍做锁定棍。

❻ 把支撑棍竖直插在地上。

❼ 在诱饵棍尖端插上一块肉或其他食物，然后将其插在支撑棍上的方形缺口中，与地面平行。

❽ 把锁定棍置于诱饵棍和支撑棍之上，和诱饵棍成45°角。

　　　把锁定棍扁头螺丝刀形的一端插在诱饵棍一端的三角缺口中，并让支撑棍的顶端插入锁定棍中间的三角缺口中。

❾ 把石头或木头的顶端斜搭在锁定棍的顶端。

　　　当有动物经过此处并取下诱饵时，将导致三根木棍失去平衡，从而触发陷阱，使动物被倒下的重物困住或压住。

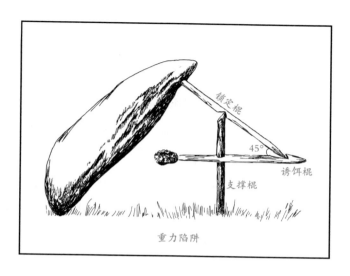

锁定棍

45°

诱饵棍

支撑棍

重力陷阱

注意

- 为了提高抓住猎物的成功率，应设置多个陷阱，最好为 8～10 个。

- 将陷阱设在动物栖息处附近或它们经常活动、靠近水源和食物的区域。观察动物的行踪，确定它们在何处频繁出没。动物粪便较多的地方，距离它们的窝也不远。

- 每天查看陷阱一两次，因为动物死亡后，会迅速腐烂或落入其他动物口中。

- 不要在你打算设置陷阱的地方现削木棍。在你的营地把陷阱的部件制作完毕,再把它们带到你打算设置陷阱的地方。这样你才不会因为在动物的栖息地停留过久而把它们都吓跑。记得用树叶和树皮等去掉留在陷阱上的你的气味。

- 把陷阱设在动物必经之路的狭窄处,比如岩石之间或两边都有茂密灌木的地方。一般情况下,动物只有在无法轻易绕过陷阱的时候才会靠近它们。动物就像人一样,喜欢走障碍物最少的路。

- 在陷阱周围活动时要小心。捕捉动物的陷阱也可能伤到你,或可能困住比你预料中更大的动物。

- 在接近被困住的动物时要小心。它可能还没有死亡,也许会攻击你。

- 最后离开时,记得带走陷阱及其部件。

第六章

致命动物

如何应对狼蛛

通常情况下，狼蛛不会主动攻击人，也没有致命的毒性。不过，它们的蜇咬可能引起部分人的严重过敏反应，而且极其疼痛。因此，当狼蛛爬到你身上或靠近你时，一定要小心应对。

❶ 找件工具，将狼蛛从你身上扫掉或驱离。

一根小棍、卷起的报纸或杂志、手套都可以充当工具。大多数狼蛛很容易受惊，一旦被戳到，它就会飞快逃跑。用工具赶走它比直接用手更安全。

❷ 如果狼蛛爬到了你身上并且你无法扫掉它，就小心地站起来，轻轻地上下蹦跳。

它会掉下去，然后飞快爬走。

如何处理狼蛛咬伤

❶ 被咬后，不要惊慌。

大部分狼蛛会先"干咬"（留下两个针孔般的伤口，然后在第二次蜇咬时注入毒液。要小心原产于非洲的两

用卷起的杂志、报纸或其他工具将身上的蜘蛛扫掉

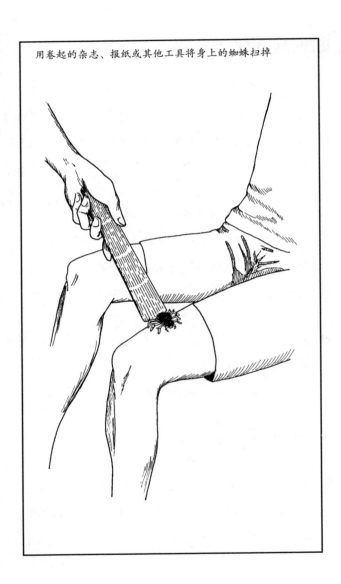

种"狒狒蜘蛛"——橙巴布捕鸟蛛和华丽雨林巴布捕鸟蛛，以及原产于南亚的蓝宝石华丽雨林捕鸟蛛，后者的毒性非常强。

❷ 用处理小型穿刺伤的方法处理干咬伤口：用消毒剂清理伤口后迅速将其包扎起来。

❸ 仔细观察伤口周围的区域。

一些品种的狼蛛可能会向伤口内注入毒液，导致伤口周围区域持续2~6小时肿胀、发红、疼痛和压痛。如果此类症状持续超过12小时，或出现其他更严重的症状，请立刻就医。不到万不得已不要开车。

❹ 如有过度肿胀的状况，请服用抗组胺药物。

抗组胺药物可以缓解过敏反应，只不过起效较慢。如果出现面部极红、视野模糊、头晕目眩、面部或眼部周围大面积肿胀或者呼吸困难等症状，你可能需要注射肾上腺素。

❺ 注意观察是否有并发症。

　　虽然咬伤本身大多并不致命，但伤处可能受到感染——这是咬伤带来的最大的危险。发现如下迹象时要立即就医，因为它们可能意味着一些严重疾病：破伤风（肌肉僵硬、痉挛、发热、抽搐、吞咽困难、心律不齐、呼吸困难），兔热病（发热、恶心、淋巴结肿大、喉咙痛、呕吐、腹泻），败血症（伴随着寒战的高热、呼吸急促、休克、定向障碍、排尿困难、四肢肿胀、嘴唇和指甲发绀）。

注意

- 狼蛛不过是体形较大的蜘蛛。只要你不去抓它们，它们很少主动攻击你。

- 狼蛛并不携带任何已知的会危害人类或其他脊椎动物的病原体。在大多数情况下，破伤风、兔热病以及其他被狼蛛咬伤后出现的疾病是伤口处于不够干净的环境中发生感染的结果。

- 狼蛛分布在北美洲密西西比河以西、南美洲以及全球范围内所有气候温暖的地区。它们生活的地理环境是多种多样的，包括沙漠深处、草木茂盛的平原、灌木丛林和雨林。大部分狼蛛生活在洞穴里，不过也有一些种类更喜欢生活在树上和人类居所的地基及屋檐下。

• 狼蛛多在夜间活动。如果不特意寻找，人类一般不会发现它们。大部分人目击的是雄性成年狼蛛，它们在白昼出来活动，主要是为了寻找雌性交配。

• 绝不要去抓狼蛛。它们的上腹部有坚硬的刚毛，会刺激人的皮肤。这些毛很容易脱落，并四处飘浮。它们的形状如同小鱼叉，尖端带有倒钩，会刺穿人的皮肤，引起皮疹或荨麻疹。

如何处理蝎子蜇伤

❶ 保持镇定。

　　蝎子的毒液会让被蜇的人焦虑，因此要努力避免恐慌。大部分蝎子的毒液具有较低到中等的毒性，除了会引发剧烈疼痛以外，不会对成年人的健康造成严重威胁。

❷ 对伤处进行热敷或冷敷，以减轻疼痛。

　　疼痛最剧烈的地方当数伤处，也可以口服止痛药缓解疼痛（如果有的话）。

❸ 如果出现过敏反应，请服用抗组胺药物。

　　蝎子的毒液含有组胺，体质敏感的人可能会引发过敏反应（哮喘、皮疹）。

❹ 留意是否有心律不齐、手足刺痛、四肢及手指无法动弹或呼吸困难的症状。

　　大部分蝎子的蜇伤只会立即在伤处引发疼痛，和被黄蜂蜇伤的痛感类似。这种疼痛可能会在被蜇伤后的几

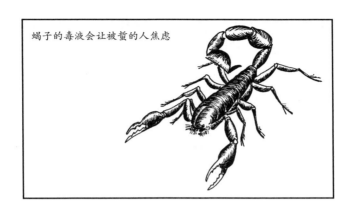
蝎子的毒液会让被蜇的人焦虑

分钟内扩散到全身。关节处也会感受到疼痛，尤其是在腋下和腹股沟区域。也可能出现系统性的症状，通常表现为面部、嘴或喉咙麻木，肌肉痉挛，出汗，恶心，呕吐，发热和烦躁不安。出现这些症状是正常的，并不会危及生命，而且通常会在1～3小时内消退。在1～3天内，伤处可能持续疼痛，或对触碰、冷热敏感。

⑤ 如出现以上症状，请尽快去看急诊。

儿童被蝎子蜇伤后要立刻去看急诊，但成年人不需要争分夺秒——被蝎子蜇伤致死的概率非常小，连重病的情况都很少。受伤后，你至少有12小时可以寻求医疗帮助，在大部分情况下，时间更长也不会有危险。

❻ 不要使用止血带，因为毒素粒子极小，可以从伤处以极快的速度扩散。

止血带对伤处没有好处，一旦使用不当，反而会造成更多伤害。

❼ 不要试图割开伤口并吮出毒液。

这样做可能会造成感染，并将毒液转移到吸吮的人的血液中。

注意

- 蝎子在夜间比较活跃，因为这是它们捕食和交配的时间。在白昼，不同种类的蝎子会藏在洞穴或可供藏身的各种缝隙——鞋子、衣物、床品和浴巾之中。如果你惊扰了藏匿在这些地方的蝎子，它们可能就会对你发动攻击。如果你身处蝎子出没的地方，在使用这些物品前请先抖动一番，并在睡觉前检查一下床铺。

- 很多种类的蝎子会大摇大摆地进入人类居所或其他建筑物，因此更有可能和人类狭路相逢。蝎子在受惊或感到威胁时才会发动攻击，在没有被惊扰的情况下一般不会蜇人。

- 蝎子注入伤口的毒液一般达不到能杀死一个健康成年人的量。不同种类的蝎子毒液的毒性有强有弱，有些种类的蝎子会释放出强力的神经毒素，其毒性甚至比等量的眼镜蛇毒液更强。但蝎子释放的毒液相对较少（和蛇相比），因此一次蜇伤释放的毒性总量并不会致人死亡。

如何渡过一条有水虎鱼[1]出没的河

❶ 如果你身上有开放性伤口，不要从水中过河。

   水虎鱼会被血吸引。

❷ 避开撒网捕鱼的地点、清理捕捞上来的鱼的码头以及鸟类栖息地附近。

   水虎鱼习惯在这些水域觅食，并可能变得更具攻击性。

❸ 水虎鱼进食时，不要进入水中。

   在成群结队攻击猎物时，水虎鱼会进入对饕餮大餐的狂热中，可能突然撕咬周围的一切。如果你发现它们正在进食，请离远一些，或到上游去。

❹ 选择在晚上渡河。

   几乎所有种类的水虎鱼都是晚上休息的，就算被惊醒也只会游开，而不会展开攻击。它们在黎明时分最为活跃。不过，一些体形较大的成年水虎鱼也会在夜间

---

1 该物种在中国暂未分布。

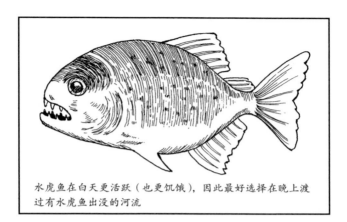

水虎鱼在白天更活跃（也更饥饿），因此最好选择在晚上渡过有水虎鱼出没的河流

捕食。

⑤ 迅速、安静地游过或蹚过河。

尽量避免在水中做大幅度的动作，以免惊醒水虎鱼。

注意

- 水虎鱼是生活在热带的淡水鱼类。野生的水虎鱼只分布在南美洲，一般生活在流速较缓的河里、静水中或洪泛平原湖中。水虎鱼通常不生活在山中湖泊或溪流中，因为这些水域水体寒冷或流速过快。

- 水虎鱼一般不会攻击人类或体形较大的动物，除非是已经死亡或受了伤的。不过，在食物匮乏的旱季，它们可能变得更具攻击性。在赶牲口过河时，如果判断河中有水虎鱼，有时当地的农民会将一头生病或受伤的牲畜赶到下游的水中做牺牲品，然后让"大部队"从上游过河。

如何包扎断肢

① 在残肢上找到单独流血的动脉。

　　动脉流血的方式是一下一下地搏动涌出。

② 掐住流血最多的大动脉。

　　臂动脉和股动脉会将血液送进四肢，它们是你要找的主要血管。在进行下一步时，需要有人（受伤者自己或其他人）继续掐住动脉。

③ 缠上止血带。

　　选择一种至少 2.5 厘米宽的条状材料，将其缠在断肢尽量靠近末端的位置，以扎紧后不会掉落为宜。止血带的松紧度要适宜，不可立刻将其缠到最紧，以免挤压并损坏还能成活的组织。因此，缠到刚好能基本止血的程度即可。在此过程中，要始终掐住动脉。

④ 将被掐住的动脉的末端结扎。

　　最好使用钓鱼线，其次是牙线，再次是较粗的缝衣线，要是配合使用缝衣针则更好。用这些小心地将动脉结扎好。将线完整地绕被掐住的动脉一圈，离末端越远越好。第一个结要扎紧，然后在上面系几个结固定。你可能需要在一条动脉上的两个位置结扎，以防其中一个崩开。

⑤ 彻底清洁断肢。

防止感染非常重要：

- 清理伤口上的异物。
- 使用锋利的刀或剪刀清除还连在断肢上被压坏的残余组织。
- 用流水彻底冲洗伤口。

⑥ 可选措施：对其他出血点进行烧灼处理。

使用熨斗或加热后的金属块，找到仍在渗血的血管。这一步在冲洗过程中更容易进行，因为残渣或血块会被冲掉。用布或纱布轻轻拨开伤处的每条血管，确认其末端的位置，然后对末端进行烧灼。不要急于止住每一处出血点。只要大量出血的部位得到控制，渗血问题在伤口被包扎好后也会得以解决。

❼ 松开止血带。

减少止血带的压力后，你就能检查针对血管的结扎是否牢固，以及是否需要继续结扎（或烧灼）了。如果此时只有少量渗血，你的处理就成功了，可以完全解开止血带了。为了保护残肢上的组织，扎紧止血带不宜超过 90 分钟。

❽ 包扎残肢。

在残肢断面上涂抹抗生素软膏（例如杆菌肽、多黏菌素和莫匹罗星），然后用干净的布或纱布紧紧包扎好断面。再用橡皮圈将布或纱布牢牢固定在断面上。包扎得越紧，就越不容易流血。

❾ 尽量将残肢举高，在重力的作用下缓解流血状况。

❿ 在包扎处放置冰袋。

⓫ 做好再次缠止血带并扎紧的准备，因为有可能再次大量出血。

⑫ 应对疼痛和失血过多导致的休克。

　　使用身边能获得的任何止痛药来缓解伤后痛苦。如出现休克，可给伤者食用肉类或饮用含盐的液体（如鸡汤）。这些食物和饮品能促进血浆和血红蛋白再生。

如何保存断肢

❶ 用水轻轻地清洗断肢。

❷ 用湿润、干净的布把断肢包好。

❸ 用防水材料（如塑料袋）将断肢包好。

❹ 将断肢置于低温环境中。

　　不要将其放进冷冻室，这样做会损坏组织，而应使用装满冰块的保温箱或冰箱冷藏室。

❺ 立刻去医院。

　　以恰当方式保存的断肢在 6 小时内都可能被重新接合好。

保存断肢的方法：先用水轻轻地清洗断肢，然后用湿润、干净的布将其包好，再用防水材料包裹后置于低温环境中

注意

- 断肢伤并不一定致命。根据轻重缓急，你需要处理的问题依次是严重的动脉出血、缓慢的静脉出血、疼痛和感染。只有严重的动脉出血才会立刻造成生命危险，可能导致伤者在几分钟内死亡。

- 把断肢泡在水里可能会对其造成损伤，影响重新接合工作。不过，如果保存条件有限，你可以先将其放入防水的容器，然后将容器放入河或湖中，以保持低温。

如何摘下身上的水蛭

❶ 不要尝试拉拽水蛭身体中段或对其撒盐、火烧或喷杀虫剂。

　　通过拉拽、撒盐、火烧或其他方式打扰一条正在吸血的水蛭，可能会使让它反刍，这很可能会导致它消化系统内的细菌转移到你的开放性伤口中，从而被感染。

❷ 辨认前（口部）吸盘。

　　找到水蛭身体较细的一端。人们经常直接关注较大的吸盘，这是错的。

❸ 在水蛭的前吸盘旁边，用指甲抵住你自己的皮肤（而不是水蛭的身体）。

❹ 轻柔而有力地用手指刮向水蛭的吸血处，将其前吸盘推开。

　　当水蛭前吸盘形成的密封状态被打破后，它就会停止吸血。前吸盘被推开后，水蛭的头部会尝试重新吸附皮肤，因此它可能会迅速吸附到你的手指上。不过，就

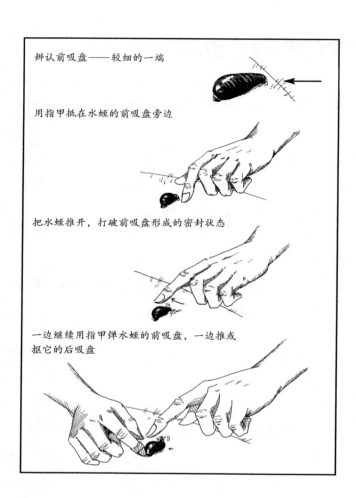

辨认前吸盘——较细的一端

用指甲抵在水蛭的前吸盘旁边

把水蛭推开，打破前吸盘形成的密封状态

一边继续用指甲弹水蛭的前吸盘，一边推或
抠它的后吸盘

算前吸盘再次吸附皮肤，水蛭也来不及吸血了。

⑤ 移除其后（尾部）吸盘。

一边继续不时用指甲弹水蛭的前吸盘，一边用另一只手的指甲推或抠它身体较粗的一端（后吸盘），使其从皮肤上脱落。

⑥ 扔掉水蛭。

到了这一步，水蛭可能已经完全吸附在你引诱它脱离皮肤的那根手指上了，也就可以轻轻松松地将它弹开了。当它不再吸附于皮肤上时，你就可以直接往它身上撒盐或喷杀虫剂，让它再也吸不到任何地方了。

⑦ 处理伤口。

当水蛭注入伤口的抗凝血剂失效以后，伤口会很快愈合。清洁伤口后，如果有必要，可以贴一小块创可贴。不要抓挠伤口。如果瘙痒感实在强烈，可以服用抗组胺药物。

如果水蛭侵入气道

一条或多条水蛭钻入人体孔穴的情况，被称为"水蛭感染"。一种被称为"鼻蛭"的水蛭格外喜欢寄生在人体的气道里。在水蛭大量侵入人体气道的情况下，可能导致人鼻塞甚至窒息。如果水蛭侵入了你的气道，但你还能呼吸，请不要试着自己清除——立刻去就医。如果你已经无法呼吸了，就采取下面的步骤：

❶ 将高酒精度（至少80%）的酒稀释后，用其含漱。

大部分蒸馏酒——伏特加、琴酒、波本威士忌、苏格兰威士忌——的酒精度都能满足这个标准。将等量的酒和水混合后含漱。注意，不要吸气（你可能会把水蛭和酒水混合物吸进去）。

❷ 将水蛭吐出。

其他方法：

如果含漱法无效，但你已经看到水蛭，就紧紧抓住其后吸盘，将其拽出。

注意

• 被水蛭吸血基本不会有大量失血的风险。你的伤口在水蛭被去除后会持续流血一段时间，但这种程度的失血量并不致命。

• 目前没有记录表明水蛭会通过血液使人类感染寄生虫。

• 比起河或溪流，水蛭在静水中更多见。它们较常出没于干净、清澈的水体边缘，而不是沼泽及其附近。

• 就算不吸血，水蛭也需要附着在坚实的平面上。因此游泳时要选择深而开阔的水体，不要靠近船坞，也不要在没入水中的树林或岩石附近活动。在丛林里穿行时，不要偏离道路，要留意垂下的树枝和藤条上是否有水蛭。

• 水生和陆生水蛭的感觉都非常灵敏，它们会察觉到振动和体热，并有 10 双眼睛用来观察周围的一举一动。在野外保持活动状态，并频繁检查你和同伴身上是否有水蛭。

附录

旅行整体注意事项

⚙ **紧急联系人信息**——在一张名片上写下你的紧急联系人信息，将它放在钱包里。同时，也应把你的行程以及预订的住处告知紧急联系人。

⚙ **内急时刻**——如果你急着要上厕所，就去最近的大型酒店。大部分酒店大堂内或附近都设有厕所，卫生条件比较好，并有专人打扫。较为昂贵的大型酒店还会提供其他设施，比如能让你打电话、发传真和电子邮件。工作人员通常也会态度友好地为你指路。

⚙ **整理仪表**——整理仪表和补妆的最佳场所是百货商场。你可以在化妆品试用台上找到一排任你试用的唇膏、彩妆和香水。

⚙ **坐出租车**——从出租车上下来去后备箱取行李时，一定要让车门敞开，这样可以避免出租车在你取出行李之前开走。

⚙ **藏财物**——有可拆卸棉垫的胸罩和装卫生棉条的长管都很适合藏现金。就算是劫匪，也没有多少人愿意在这么私密的部位搜寻财物。

行李相关注意事项

⭐ **标记行李**——在每件行李上加点儿与众不同的元素，比如在把手上系一条鲜艳的头巾，或悬挂一个颜色鲜艳的行李牌。行李箱的外观都很相似，就算你认得出自己的行李，其他人却不见得像你一样。在行李上做标记，让你即便隔着远距离也能轻松地将其保持在视线之内。比起上锁，用塑料捆扎带将拉链串起来会更有效。这种方法并非万无一失，但可能让小偷因不易打开而却步。

⭐ **托运和手提的选择**——转机时或落地后将必需物品放在手提行李里，包括药品、洗漱用品和一套换洗衣物（至少是内衣）。如有行李丢失或延误后很难找到代替物的东西，也将其放进手提行李。不要把贵重物品放在托运行李里，因为丢失风险很高，而航空公司的行李险大多只有 1000 美元（约合人民币 7000 元）。如果你和同伴关系不错，可以互相将自己的一部分衣物放进对方的托运行李中，这样一来，就算一件行李丢失，你们二人手边至少还有一些衣物。

⭐ **避免起皱**——把塑料干洗袋放在高档衣物之间，以防起皱。把小件衣物分装在自封袋里，也能防止起皱。

✪ **创造空间**——如果行李箱塞不下了，可以关好行李箱，把它在地上摔几次，使内容物压得更紧，从而挤出一些空间。

✪ **舍弃专用包**——如果你随身携带昂贵的电子产品（如相机、摄像机或笔记本电脑），把它们装在"妈咪包"等包袋中，而不要使用专门为这些产品设计的精致、易识别的包袋。"妈咪包"不容易成为小偷下手的对象，且有很多额外的口袋可用来收纳东西。

✪ **假钱包**——带上一个专门为劫匪准备的假钱包，放入一些零钱和一张带照片的身份证件（不要用驾照或护照），以及其他一些不重要的卡片，让钱包显得很厚。将这个钱包用于日常小额开销，并做好在紧急时刻将其拱手让出的准备。把它放在前裤袋里，捆上橡皮筋。当有人试图偷窃时，你能感觉得到。不要把钱包开口朝上或朝下放置，而要将其侧放在裤袋里，这样一来，小偷下手时，你便更容易发觉。

飞行注意事项

⚙ **最佳座位**——经济舱中的最佳座位应是紧急出口处的座位或"隔间座"（飞机分隔墙后的第一排座位）。这种座位一般需要在机场值机时现选，先到者先得，因此要早点儿去机场。紧急出口处的座位很明显是机舱里最安全的——离你最近的紧急出口就在几步之外。

✪ **升舱**——升舱非常简单，通常在机场甚至飞机上提出要求即可。尽管一些常旅客计划中规定，只有购买全价票才能享受里程换升舱的待遇，但你可以在准备登机时提出要求，进入候补名单。备好你的常旅客号码，然后询问票务人员你能否"候补升入头等舱或商务舱"。还有一些情况是，有的旅客因为把座位让给想坐在一起的其他旅客而获得了升舱机会。总之态度要友好，不要咄咄逼人。

✪ **航班取消**——如果你的航班被取消了（或者前面航程的延误导致你将错过后面的航班，并需要改签），最好打电话给航空公司或旅行社，要求立刻改签。这样一来，你就不用在改签乘客的长队中焦躁地等待了。如果值机柜台的队伍太长，你还有一种选择——回到机场门口航空公司的售票处去改签。

　　另一种选择是，要求将你的机票签转为其他航空公司更合适的班次。你不需要为了下一班飞机等上好几个小时甚至过夜，查一查其他航空公司的班次，确认是否有座位，然后联系之前的航空公司或旅行社，要求他们将你的票签转到其他航空公司。注意，请向他们确认你的行李也会被签转。

✪ **时差反应**——缓解时差反应的方法包括在飞行前、飞行中和落地后大量喝水。在飞行前还可以多做运动，吃好睡好，禁烟禁酒。在飞机上不要吃太多。买一个小型充气枕，它能让你在飞机上睡得更舒服。

住宿注意事项

- **房间升级**——如果你预订的房间在到达时不可用，可要求酒店升级房间，或转去其他酒店。另外，如果遇到厕所故障、花洒滴水或房间服务不及时等问题，要立刻向酒店反映——问题解决后，你会住得更舒服，房费还能打折。

- **返回酒店**——你如果不会说当地的语言，就带上有酒店名称和地址的火柴盒、名片或小册子，给出租车司机或其他人看。

- **安全问题**——绝不要在酒店房间门上挂"请整理房间"的牌子。它会告诉其他人，你不在房间里。就算你不挂牌，服务员也会进入你的房间打扫。

- **晾干衣服**——用衣架把湿衣物挂在卫生间里，打开灯，到第二天早上衣服就干了。

- **调节房内湿度**——在无法开窗的新建酒店里，通风系统会让室内非常干燥。把毛巾打湿并挂在房间里的一把椅子上，这样能避免早上醒来时感到干渴。用废纸篓接住毛巾下端。这条湿毛巾能增加房间内的空气湿度。

危险地区旅行注意事项

- ✪ **事先确认**——国家官方网站会发布针对全世界范围内发生的事件（如局部战争、恐怖活动、国家内乱等）做出的警告。

- ✪ **带证件照片**——如果你和朋友、配偶或子女一起旅行，让每个人带好其他所有人的彩色证件照，以备不时之需。带上你的护照的身份页复印件，记下你的信用卡号码，并将这些藏在行李中安全的地方。

- ✪ **注意衣着**——衣着保守，不要穿着昂贵的衣服或携带露富的物品（如高级定制服装、金表、珠宝、相机等）。

- ✪ **谨慎拍照**——获得许可后再拍照，不要偷拍。不要拍摄军用设施、政府建筑、女性、体弱者和老年人等。

忌讳使用的手势

倒扣杯子

在美国和一些其他国家，把杯子倒扣过来可能意味着不打算喝任何东西。但在澳大利亚的某些酒吧里，如果你在喝完杯中的酒后把杯子倒过来，将其扣在吧台上，这可能代表你觉得你能打赢在场的任何人。

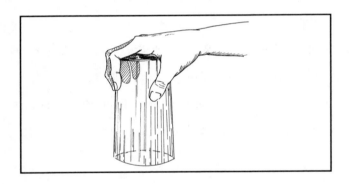

眼神接触

在一些国家，比如巴基斯坦，盯着人看是很正常的，因此被人盯着的时候不要有被冒犯的感觉。

但在另一些国家则不然，比如津巴布韦，不要持续和

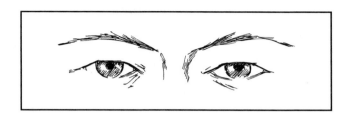

人进行眼神接触，这被看作不礼貌的举动，尤其是在村郊地区。

在美国纽约，不要在地铁、火车或巴士上和任何人对视。要么读书或看报，要么保持一种眼神无焦点、不对任何人做出回应的表情，以免惹来麻烦。

"无花果" 手势

这个手势的具体做法是握拳，然后将拇指从食指和中

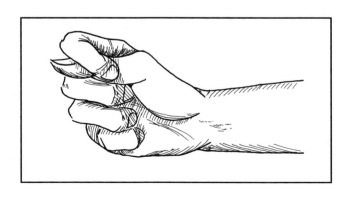

指之间向上穿出。在大部分拉丁美洲国家，这个手势有淫秽的含义，是非常粗鲁的。不过在巴西，这个手势意为"祝你好运"。在美国某些地区，这个手势意为"我抓住了你的鼻子"，常常被用于一种假装抓住别人鼻子的儿童游戏中。

"OK"手势

在美国，拇指和食指围成一个圈，其他手指向外呈扇形张开的手势，意为"一切都好"。

在巴西、德国和俄罗斯，这个手势指的是一个非常私密的孔穴，是一种侮辱性手势。

在日本，这个手势意味着你需要零钱。因此，如果你希望商店收银员找你硬币，就可以用这个手势。

在法国，这个手势也具有侮辱性。它代表数字 0，通常用来表示某物毫无价值。在鼻子上方比画这个手势，则意为"喝醉了"。

各章顾问专家简介

前言

顾问：戴维·康卡农，探索者俱乐部（The Explorers Club）成员及其法律委员会主席。他曾在四大洲各国旅行，大部分情况下都收获了巨大的成功。他近年来参加了"重返泰坦尼克号残骸"探险活动，曾经三次乘坐潜水器潜入3810米深的水下，其中2000年7月29号下潜的一次是21世纪首次针对泰坦尼克号的探险活动。

第一章　途中遇险

如何控制脱逃的骆驼

顾问：菲利普·吉（Philip Gee），游猎旅行组织者。他经营着一家名为"探索内陆地区"（Explore the Outback）的游猎旅行社，带领游客骑着骆驼游览澳大利亚的自然风光（www.austcamel.com.au/explore.htm）。

如何让失控的载客列车停下来

　　顾问：汤姆·阿姆斯特朗（Tom Armstrong）。他和铁路打了超过 25 年的交道，从 1977 年起开始担任机车司机，并在加拿大太平洋铁路公司（Canadian Pacific Railway）担任事故预防协调员。他住在加拿大的萨斯卡通。

如何让刹车失灵的汽车停下来

　　顾问：温尼·明基洛（Vinny Minchillo），撞车赛车手。他为《汽车周刊》（*AutoWeek*）、《跑车》（*SportsCar*）、《涡轮》（*Turbo*）等很多汽车杂志写过文章。他还是达拉斯一家广告公司的创意总监。

如何让失控的马停下来

　　顾问：约翰·米尔奇克和克里斯蒂·米尔奇克（John and Kristy Milchick），驯马师。他们是一家位于肯塔基的马场"隐居之处"（Hideaway Stables）的主人，从事基础型美国夸特马的繁殖、训练和出售活动。他们还常在网站 www.hideawayhorses.com 上发布关于照料和训练马匹的内容。

如何让飞机在水面迫降

顾问：亚瑟·马克斯（Arthur Marx），飞行教官。他曾担任飞行员 20 年，如今在玛莎文雅岛上拥有一家"飞行员航空公司"（Flywright Aviation），主营飞行员训练并提供商用飞行服务。他通过了航空运输飞行员（ATP）认证，以及单发动机（single-engine）、多发动机（multi-engine）和仪表飞行（instrument rating）检定。

汤姆·克雷特尔（Tom Claytor），无人区飞行员 。他目前正在计划独自飞越全球七大洲的旅行（可以在 www.claytor.com 上读到他的故事）。他是探索者俱乐部成员，是美国国家地理特辑"飞越非洲"（*Flight Over Africa*）中的采访对象之一，也是 1993 年"劳力士雄才伟略大奖"（Rolex Awards for Enterprise）获得者。

如何在发生空难后求生

顾问：威廉·D. 沃尔多克（William D. Waldock），安柏瑞德航空大学（Embry-Riddle Aeronautical University）航空科学专业教授，也是位于该校亚利桑那州普雷斯科特校区的航天安全教育中心（Center for Aerospace Safety Education）的副主任。他曾经参与超过 75 件现场调查，分析过超过 200

例事故。他管理着罗伯森航空安全中心（Robertson Aviation Safety Center），在通用航空领域的实际飞行经验超过 20 年。

第二章　危险关系

如何在暴乱中逃生

顾问：匿名人士，"真实世界救援"组织（Real World Rescue）总顾问。他有超过 20 年的特种作战和反恐经验。"真实世界救援"是一家位于圣迭戈的小型公司，主营高风险旅行保安业务，为美国政府特种部队精英和联邦执法机构人员提供国际反恐和第三世界国家生存方面的训练。

如何在被劫持后逃生

顾问：同上。

如何应对想揩油的当地官员

顾问：杰克·维奥瑞尔（Jack Viorel），教师。他曾经在中美洲和南美洲生活和工作，如今居住在加利福尼亚州北部。

如何避免被坑蒙拐骗

顾问：史蒂夫·吉尔利克（Steve Gillick），是位于安大略的加拿大旅行顾问研究所（Canadian Institute of Travel Counselors）的执行董事。他是两本旅行小册子《旅行常识》（*Defining Travel Common Sense*）和《骗术之子》（*Son of Scam*）的作者。

如何应对拦路抢劫

顾问：乔治·艾灵顿（George Arrington），防身术教练。他有超过 25 年的防身术授课经验。他研习檀山流柔术（Danzan-Ryu Jujutsu），达到黑带四段并获得正式教学许可，同时也学习过空手道、合气道、太极拳、八卦掌和形意拳。

如何跟踪盗窃你东西的人

顾问：罗伯特·卡布莱尔（Robert Cabral），防身术教练。他创立了位于西洛杉矶的国际武术学院（The International Academy of Martial Arts）。他曾经担任警察防卫战术教官，并在好莱坞做过 10 年保镖。他获得了冲绳空手道联合会认证的高级大师资格。

布拉德·班德尔（Brad Binder），博士。他是位于美国威斯康星州的 WR 安保公司（W. R. Associates, Inc.）的副总裁。他曾经做过私家侦探和贴身保镖，并为个人和企业提供过安保咨询服务。

如何摆脱跟踪

顾问：同上。

第三章　移动技能

如何从一个屋顶跳到另一个屋顶

顾问：克里斯托弗·卡索（Christopher Caso），特技演员。他曾为《蝙蝠侠与罗宾》（*Batman and Robin*）、《失落的世界》（*The Lost World*）和《乌鸦 2》（*The Crow: City of Angels*）等多部电影设计并出演从高处坠落的特技场景。

如何跳下行驶中的列车

顾问：同上。

如何逃出悬崖边摇摇欲坠的汽车

顾问：同上。

被捆绑后如何逃脱

顾问：汤姆·弗兰纳根（Tom Flanagan），魔术师和逃脱大师。其他源自安东尼·格林伯格（Anthony Greenburg）所著的《生存之书》（*The Book of Survival*）。

如何冲破路障

顾问：温尼·明基洛。

如何逃出汽车后备箱

顾问：珍妮特·E. 芬奈尔（Janette E. Fennell），"急需后备箱开启装置"联盟（Trunk Releases Urgently Needed Coalition，简称为 TRUNC）创立者。该联盟是以让被困后备箱的儿童和成年人成功逃脱为使命的非营利性组织。在她的努力下，后备箱内部开启装置应用章程已于 2001 年开始生效。

掉下铁轨后如何自救

顾问：约瑟夫·布伦南（Joseph Brennan），《废弃地铁站（纽约地区废弃或未启用地下铁路站点）指南》（*The Guide to Abandoned Subway Stations [Disused or Unused Underground Railway Stations of the New York Area]*）作者。

该指南刊载于 www.columbia.edu/~brennan。他在哥伦比亚大学校内信息系统的技术部门工作。

电梯坠落时如何求生

顾问：杰伊·普雷斯顿（Jay Preston），特许专业安全员（CSP）、专业工程师（PE）。他是一名通用安全工程顾问和安全工程法律鉴定专家。他曾经是美国安全工程师协会（American Society of Safety Engineers）洛杉矶分会主席。

拉里·霍尔特（Larry Holt），是位于美国康涅狄格州普洛斯派克特分部的艾尔肯电梯控制和咨询公司（Elcon Elevator Controls and Consulting）的高级顾问。

第四章　野外求生

迷失丛林后如何求生

顾问：杰夫·兰代尔（Jeff Randall）和麦克·佩林（Mike Perrin），生存专家。他们经营着兰代尔冒险与训练公司（Randall's Adventure and Training，公司官方网址为 www.jungletraining.com），为极限探险项目提供指南，并在中美洲和亚马孙雨林为探险者提供训练服务。他们都完成了秘鲁军方专门在亚马孙雨林为飞行员提供的生存练习。

如何在没有指南针的情况下辨别方向

顾问：同上。

其他源自《美军生存手册》（*U.S. Army Survival Manual*）。

如何爬出一口井

顾问：安德鲁·P. 詹金斯（Andrew P. Jenkins），博士、野外急救专员（WEMT）。他是美国中央华盛顿大学社区卫生与体育专业（Community Health and Physical Education at Central Washington University）教授，接受过运动生理学、野外急救和山区急救方面的专业培训。

约翰·维尔布林（John Wehbring），登山运动教练。他是圣迭戈山地救援队（San Diego Mountain Rescue Team）的成员，曾担任山地救援联盟（Mountain Rescue Association）加州地区的主席，还教授过塞拉俱乐部（Sierra Club）的基本登山课程。

乔恩·劳埃德（Jon Lloyd），英国 VLM 冒险咨询公司（VLM Adventure Consultants）顾问，为个人、青少年群体、私立与公立学校、公司和特殊需求群体组织冒险运动。

如何穿越雷区

顾问:"真实世界救援"组织总顾问。

遇到离岸流时如何逃生

顾问:美国国家气象局(位于佛罗里达州迈阿密)。

罗伯特·巴德曼博士(Dr. Robert Budman)、医学博士,冲浪医生。他是美国家庭医疗委员会(American Board of Family Practice)认证医生,《冲浪者》(Surfer)杂志医学顾问。

加州冲浪救生协会(California Surf Life-Saving Associa-tion)。

掉入冰窟后如何求生

顾问:蒂姆·斯毛利(Tim Smalley),美国明尼苏达州自然资源部(Minnesota Department of Natural Resources)船舶与水上安全教育协调员。

如何在寒冷的水中求生

顾问:同上。

如何成功跳下瀑布

顾问：乔恩·图尔克（Jon Turk），《冷海：乘皮艇、划艇和狗拉雪橇历险》（*Cold Oceans: Adventures in Kayak, Rowboat, and Dogsled*）作者。他曾经划海上皮艇穿过加拿大西北航道，并乘坐狗拉雪橇踏上了加拿大第一大岛巴芬岛和加拿大境内的北极区域。他还在 51 岁生日前一天乘海上皮艇成功绕过了合恩角。

克里斯托弗·马卡拉克（Christopher Macarak），皮艇教练。他在科罗拉多州的克雷斯特德比特拥有一家皮艇商店。

如何在火山喷发时逃生

顾问：斯科特·罗兰德（Scott Rowland），博士，火山学家，《夏威夷火山学通信中心》（*Hawaii Center for Volcanology Newsletter*）编辑和出版人。

美国地质学会（U.S. Geological Society）。

第五章　食物和庇护所

高层酒店起火时如何逃生

顾问：戴维·L. 齐格勒（David L. Ziegler），美国齐格勒事务所（Ziegler & Associates, www.ziegler-inv.com）负责人。这是一家主营火灾和纵火案调查的安保咨询公司。他曾是美国联邦烟酒枪炮及爆炸物管理局（Federal Bureau of Alcohol, Tobacco & Firearms）负责火灾、纵火案和爆炸案的特工，如今是国际纵火调查员协会（International Association of Arson Investigators，简称为 IAAI）成员及其认证火灾调查员。

约翰·林斯特罗姆（John Linstrom），美国消防应急电视网（Fire & Emergency Television Network）执行董事。美国消防应急电视网是一家通过卫星电视、光盘和互联网向 24 万名紧急救援人员提供培训、信息和教育的公司。他拥有消防管理和消防科学学位，获得了高级消防员、高级调查员、消防教官、火灾调查员、消防队员和紧急医疗人员资格认证。

如何在荒岛上获得淡水

顾问：让−费利佩·苏莱（Jean-Philippe Soule），中美洲海上皮艇探险队（Central American Sea Kayak Expedition）队长，法国山地精英突击队（Mountain Commando Unit）前成员。

本杰明·普莱斯利（Benjamin Pressley），"风之歌原始生活"组织（Windsong Primitives）创立者,《偏远地区住人》(*Backwoodsman*) 杂志编辑,《荒野生活》(*Wilderness Way*) 杂志美国东南部地区特派员。

其他源自《美军生存手册》。

如何净化水

顾问：安德鲁·P.詹金斯。

如何在雪中自建庇护所

顾问：约翰·林德纳（John Lindner），美国科罗拉多登山俱乐部（Colorado Mountain Club）野外生存学校负责人。他也是"雪地行动"训练中心（Snow Operations Training Center）的主管。"雪地行动"训练中心是一家为公共事业公司、搜救队和政府机构提供山区求生技能培训的组织。

如何在海啸来临时逃生

顾问：艾迪·伯纳德（Eddie Bernard），博士。他是太平洋海洋环境实验室（Pacific Marine Environmental Laboratory）主管，1993 年日本北海道大海啸伤亡调查美国方面负责人和太平洋海啸预警中心（Pacific Tsunami Warning Center）主管。

其他源自"美国国家海啸灾害缓解计划"（National

Tsunami Hazard Mitigation Program），美国国家海洋和大气管理局（National Oceanic and Atmos-pheric Administration）下属海啸研究项目，国际海啸信息中心（International Tsunami Information Center）。

如何在沙尘暴中逃生

顾问：托马斯·E. 吉尔（Thomas E. Gill），美国得克萨斯理工大学（Texas Tech University）地球科学系副教授，风力工程研究中心（Wind Engineering Research Center）副研究员。

杰弗里·A. 李（Jeffrey A. Lee），美国得克萨斯理工大学经济和地理系副教授。

吉尔和李是得克萨斯风蚀研究专家组（Texas Wind Erosion Research PersonS，简称 TWERPS）成员——该组织由来自美国农业部和得克萨斯理工大学的科学家与工程师组成，是专门研究扬沙与沙尘暴的非正式组织。

其他源自美国国家气象局气象办公室（Office of Me-teorology）、美国陆军医学研究与医用物资部（U.S. Army Medical Research & Material Command）。

如何在没有鱼竿的情况下捉鱼

顾问：让-费利佩·苏莱。

如何制造捕猎陷阱

顾问：罗恩·胡德（Ron Hood），生存专家。他在参加美国陆军时接受了野外生存训练，之后教授了 20 年野外生存课程。如今，他和妻子凯伦在制作野外生存训练视频。

第六章　致命动物

如何应对狼蛛

顾问：斯坦利·A. 舒尔茨（Stanley A. Schultz），美国狼蛛协会（American Tarantula Society）主席。他是《狼蛛饲养指南（第二版）》（*Tarantula Keeper's Guide, 2nd edition*）的作者。他和妻子兼合著者玛格丽特住在卡尔加里，目前拥有近 350 只狼蛛。

如何处理蝎子蜇伤

顾问：斯科特·斯托克维尔（Scott Stockwell），美军少校。作为战斗医学昆虫学家，他经常提供蝎毒方面的咨询。据他自己判断，他很有可能是在世的被最多种类的蝎子和

其他有毒节肢动物蜇过的人。他拥有加州大学伯克利分校
（University of California, Berkeley）昆虫学博士学位，目前在
得克萨斯州的萨姆休斯顿堡工作。

如何渡过一条有水虎鱼出没的河

顾问：保罗·克里普斯（Paul Cripps），"亚马孙探险"
组织（Amazonas Explorer）负责人。这是一个专门在秘鲁和
玻利维亚开展探险旅行的组织。他已经在亚马孙雨林做了
13 年向导。

戴维·施勒塞尔博士（Dr. David Schleser），研究者
和生态游向导。他研究水虎鱼，并带领生态旅行团在巴西
和秘鲁境内的雨林游览。他是《水虎鱼：关于选种、护
理、营养、疾病、繁育和行为的一切（详尽育宠指南）》
（*Piranhas: Everything About Selection, Care, Nutrition,
Diseases, Breeding, and Behavior [More Complete Pet Owner's
Manuals]*）的作者。

巴里·泰德尔（Barry Tedder），海洋生物学家和丛林生
存专家。他饲养水虎鱼，并在亚马孙南部研究过水虎鱼。他
供职于新西兰皇家海军（Royal New Zealand Navy）。

彼得·亨德森博士（Dr. Peter Henderson）。他是位于英国

利明顿的鱼纲物种保护有限公司（Pisces Conservation Ltd.）总裁，已从事水虎鱼及其他南美洲鱼类保护工作超过 20 年。

如何包扎断肢

顾问：詹姆斯·李博士（Dr. James Li），他是位于美国马萨诸塞州的哈佛大学医学院（Harvard Medical School）急诊医学部教员。他还是美国外科医师学院（The American College of Surgeons）讲师，向医生教授创伤高级生命支持（Advanced Trauma Life Support）课程。他撰写过一系列关于在偏远地区进行急救实践的文章。

如何摘下身上的水蛭

顾问：马克·E. 塞达尔（Mark E. Siddall），是位于纽约的美国自然历史博物馆（American Museum of Natural History）无脊椎动物分部馆长助理。

附 录

忌讳使用的手势

顾问：罗杰·E. 阿克斯特尔（Roger E. Axtell），《手势：世界各地身势语中的规范和禁忌》（*Gestures: Do's and Taboos of Body Language Around the World*）以及"规范和禁忌"系列其他 7 部作品的作者。他也是一位著名的餐后脱口秀演讲者。

图书在版编目（CIP）数据

旅行保命手册：去哪儿都能派上用场的安全自救指
南 /（美）乔舒亚·皮文，（美）戴维·博根尼奇著；
（美）布兰达·布朗绘；刘昱含译. -- 福州：海峡书局，
2024.10. — ISBN 978-7-5567-1247-2

　Ⅰ．X959

中国国家版本馆CIP数据核字第2024H7Z631号

THE WORST-CASE SCENARIO SURVIVAL HANDBOOK: TRAVEL
by
JOSHUA PIVEN AND DAVID BORGENICHT,
ILLUSTRATIONS BY BRENDA BROWN
Copyright: ©2001 BY QUIRK PRODUCTIONS
This edition arranged with QUIRK BOOKS through Big Apple Agency, Inc., Labuan, Malaysia.
Simplified Chinese edition copyright: 2024 Ginkgo (Shanghai) Book Co., Ltd.
All rights reserved.

本书中文简体版权归属于银杏树下（上海）图书有限责任公司
著作权合同登记号 图字：13-2024-032

出 版 人　林前汐
策　　划　银杏树下（上海）图书有限责任公司
著　者　[美]乔舒亚·皮文 戴维·博根尼奇
绘　者　[美]布兰达·布朗
译　者　刘昱含　　　　　　　出版统筹　吴兴元
责任编辑　林洁如 俞晓佳　　编辑统筹　王　頔
特约编辑　张冰子　　　　　　装帧制造　墨白空间·张萌

Lǚxíng Bǎomìng Shǒucè: Qùnǎer Dōunéng Pàishàng Yòngchǎng de Ānquán Zìjiù Zhǐnán
旅行保命手册：去哪儿都能派上用场的安全自救指南

出版发行　海峡书局
社　　址　福州市台江区白马中路15号　　邮　编　350004
印　　刷　嘉业印刷（天津）有限公司　　开　本　889mm×1094mm 1/32
印　　张　7　　　　　　　　　　　　　字　数　112千字
版　　次　2024年10月第1版　　　　　　印　次　2024年10月第1次印刷
书　　号　ISBN 978-7-5567-1247-2　　　定　价　39.80元

作者简介

乔舒亚·皮文，《纽约时报》畅销书作家。屡获殊荣的演讲撰稿人、影视制片人和剧作家。畅销作品主要包括由他主导合著的 Worst-Case 系列生存手册，以 30 种语言畅销全球 1000 万册。

戴维·博根尼奇，作家及编辑。他撰写过几本非小说类的作品，其中包括《动作片英雄手册》（由 QuirkBooks 出版）。

绘者简介

布兰达·布朗，插画家和漫画家，她的作品曾在许多书籍和出版物上发表，包括 Worst-Case 系列、《绅士》《读者文摘》《美国周末》《21 世纪科技》《周六晚报》和《国家询问报》。

相关图书

生存手册：关键时刻能救命　定价：38.00 元　2017.7
［美］乔舒亚·皮文　戴维·博根尼奇 著　朱一舟 译
ISBN 9787550290945

硬汉技能手册　定价：39.80 元　2023.12
［美］乔舒亚·皮文　戴维·博根尼奇　本·H. 温特斯 著　诸葛雯 译
ISBN 9787542683007

官方微博：@后浪图书
读者服务：reader@hinabook.com 188-1142-1266
投稿服务：onebook@hinabook.com 133-6631-2326
直销服务：buy@hinabook.com 133-6657-3072